乡村振兴人才培养系列教材
图说现代农业高质量发展关键技术丛书

图说鲜食葡萄栽培关键技术

卜庆雁　王志利　翟秋喜　编著

中国农业大学出版社
·北京·

内容简介

本书是作者在总结多年葡萄生产及科研实践的基础上，结合全国各地鲜食葡萄生产的先进经验，围绕鲜食葡萄优质、高效、安全、省力栽培，以图文结合的形式介绍了葡萄栽培的关键技术，包括鲜食葡萄品种选择及优良品种、标准化葡萄园的建立、葡萄树体结构与整形修剪、葡萄对营养元素的需求与科学施肥、葡萄常见病虫害的识别与防治。在此基础上，以鲜食葡萄物候期的进展顺序为依据，重点介绍了鲜食葡萄周年管理关键技术，并配有视频资源，读者扫码即可观看学习。

本书以实用为主，重点突出，图片和视频清晰，便于读者学习和操作，适合广大葡萄种植者、农业技术推广人员使用，也可作为农业院校园艺技术相关专业师生的参考用书。

图书在版编目（CIP）数据

图说鲜食葡萄栽培关键技术 / 卜庆雁，王志利，翟秋喜编著 .-- 北京：中国农业大学出版社，2022.4（2024.12 重印）

ISBN 978-7-5655-2765-4

Ⅰ . ①图… Ⅱ . ①卜…②王…③翟… Ⅲ . ①葡萄栽培 - 图解 Ⅳ . ① S663.1-64

中国版本图书馆 CIP 数据核字（2022）第 061793 号

书　　名　图说鲜食葡萄栽培关键技术

作　　者　卜庆雁　王志利　翟秋喜　编著

策划编辑　林孝栋　康昊婷　　**责任编辑**　康昊婷　刘彦龙

出版发行　中国农业大学出版社　　**封面设计**　郑　川　李尘工作室

社　　址　北京市海淀区圆明园西路 2 号　　**邮政编码**　100193

电　　话　发行部 010-62733489, 1190　　读者服务部　010-62732336

编辑部 010-62732617, 2618　　出　版　部　010-62733440

网　　址　http://www.caupress.cn　　**E-mail**　cbsszs@cau.edu.cn

经　　销　新华书店

印　　刷　涿州市星河印刷有限公司

版　　次　2022 年 6 月第 1 版　2024 年 12 月第 3 次印刷

规　　格　148 mm×210 mm　32 开本　6.75 印张　250 千字

定　　价　39.80 元

辽宁农业职业技术学院园艺技术专业群
果树科普著作编委会成员

前言

目前，我国是全球第二大葡萄生产国，是第一大鲜食葡萄生产国，葡萄种植面积占到全世界的12.3%。随着人们生活水平的提高，鲜食葡萄消费需求呈现快速增长态势。据不完全统计，目前鲜食葡萄占到国内葡萄消费的85%以上。随着鲜食葡萄种植面积的进一步扩大，生产中出现了如品种选择不当、建园质量不高、建园当年苗木生长较差、树形选择和整形方法不当、病虫害防治不及时和用药不规范、过量使用激素、重产量轻质量等问题，尤其是对于初种葡萄的生产者来说，若不了解品种及其特性而盲目引种，不了解栽培管理关键技术而随意管理，轻则影响葡萄的产量和质量，重则毁园，这些均严重影响了他们种植葡萄的积极性，也制约了我国葡萄产业的健康可持续发展。

作者曾于2014年出版了《图说葡萄栽培关键技术》一书。该书的出版，对普及和指导葡萄种植者生产优质葡萄产生了积极的作用，受到了读者的好评。但伴随着葡萄新品种、新技术、新模式的出现及市场对葡萄果实商品性要求的提高，种植者对葡萄的优质、高效、安全、省力生产技术也有了新的探索。为此，作者在原书内容的基础上，增加了部分葡萄新品种、葡萄对营养元素的需求与科学施肥等相关内容；加入了适合葡萄种植的机械设备及省力化技术，这对减少生产成本，提高葡萄种植效益大有好处。本书彩色照片也由原来的200余幅增加到361幅。此外，为了方便读者更好地掌握葡萄栽培关键技术，本书对葡萄生产的10个关键技术录制了视频，读者通过扫描二维码即可观看，这会使读

者一目了然，易学易做。全书内容通俗易懂、言简意赅，图片和视频均来自生产一线实地拍摄，内容更加贴近生产实际，这有利于新品种、新技术、新工具、新设备、新方法的及时普及和推广。

本书以实用技术为主，按照鲜食葡萄栽培的流程，先后从鲜食葡萄品种选择及优良品种、标准化葡萄园的建立、葡萄树体结构与整形修剪、葡萄对营养元素的需求与科学施肥、葡萄常见病虫害的识别与防治等方面对葡萄栽培的关键技术进行了阐述，最后以葡萄的物候期进展顺序为依据，按照露地鲜食葡萄的生产过程，重点介绍了露地鲜食葡萄周年管理关键技术。本书在编写过程中，参考了部分专家、学者的最新研究成果和文献资料。此外，陶建敏、王海波、孙凌俊、马丽、翟秋喜、刘淑芳、张国军、蔡军社、程大伟等提供了部分彩色照片，在此一并表示由衷的谢意。

由于作者水平有限，书中不妥之处敬请专家、学者、读者不吝赐教，多提宝贵意见。

编著者

2021年10月

目录

第一章　鲜食葡萄品种选择及优良品种

第二章 标准化葡萄园的建立

第三章 葡萄树体结构与整形修剪

第四章 葡萄对营养元素的需求与科学施肥

第五章　葡萄常见病虫害的识别与防治

第六章　鲜食葡萄周年管理关键技术

第一章

Chapter 1

鲜食葡萄品种选择及优良品种

一、鲜食葡萄品种是如何分类的？

全世界登记的葡萄品种有上万个，我国葡萄品种有千余个，但在生产上广泛用于鲜食栽培的不过几十个。鲜食葡萄按照不同的分类方法可以分为不同的类别。具体分类依据及品种类别见表 1-1。

表 1-1 鲜食葡萄的品种类别

分类依据	品种类别
种群	欧亚种群、东亚种群、美洲种群、欧美杂交种群
果实内有无种子	有核品种、无核品种
果实颜色	绿色品种、红色品种、紫色品种
生长期和果实成熟期	早熟品种（从萌芽到果实成熟的天数为 100~130 d）、中熟品种（从萌芽到果实成熟的天数为 130~150 d）、晚熟品种（从萌芽到果实成熟的天数大于 150 d）

二、如何科学地选择鲜食葡萄品种？

1. 选择原则

品种不同，对环境条件、栽培条件的需求和适应性不同，管理成本也不同，其商品价值和经济效益差距也很大。因此，因地制宜、科学合理地选择鲜食葡萄品种是发展葡萄生产时首要考虑的一个问题。品种选择不当会直接影响产品的销售和生产者的经济效益，严重时会造成巨大损失，甚至导致生产失败。品种选择时应遵循的原则和具体要求见表 1-2。

2. 注意事项

选择鲜食葡萄品种时，要注意以下几个问题：一是目前市场中葡萄新品种较多，乱命名、乱改名、同物异名的现象时有发生，因此选择鲜食葡萄品种时一定要深入调查研究，不要盲目追求新品种，也不要轻信广告，要多咨询当地农业技术人员或专家，避免错选；二是优良品种具有地区性的特点，在一个地区表现优良的品种，在另一个地区表现未必一定优良，因此当地具体适合发展什么品种，必须经过品种的区域试验才能确定。

表 1-2 选择鲜食葡萄品种的原则和具体要求

选择原则	具体要求
根据栽培区域的环境条件	南方地区和北方东部半湿润地区，可以通过避雨栽培选择抗病性差的欧亚种葡萄；西部干旱、半干旱年降雨量少的地区，如有灌溉条件，可以选择大部分鲜食葡萄品种；北方一些气候冷凉地区，通过设施防寒技术可以栽植一些晚熟的优良品种
根据葡萄适应性	欧亚种葡萄喜欢较为干燥冷凉的气候，在潮湿的气候条件下容易发生病虫害，且果实品质也较差；欧美杂交种、美洲种葡萄的抗病、抗湿热的能力较强，但多数品种品质稍逊于欧亚种葡萄
根据市场需求	要考虑当地的市场需求方向和市场容量，选择需求量大、商品价值较高的品种。鲜食品种主要选择果穗、果粒美观，风味好，耐贮藏、运输的品种。当前市场中最受欢迎的是大粒优质、玫瑰香味浓、无核这 3 类品种
根据当地科技和经济条件	经济条件较差的地区，可以先选择管理容易、品质优良、丰产性好、投资较少的葡萄品种，待经济条件和管理水平提高后，再选择其他高档品种；经济条件较好的地区，可以选择高档优良品种

三、早熟鲜食葡萄的优良品种有哪些?

1. 京秀

分类 欧亚种。

来源 由中国科学院北京植物园用潘诺尼亚与 60-33（玫瑰香 × 红无籽露）杂交选育而成。1994 年通过品种鉴定。

果实性状 果穗圆锥形，平均穗重 510 g，大的达 1 000 g 以上。果粒着生较紧密，椭圆形，果皮粉红色至紫红色，平均单粒重 6~7 g，果肉厚，质地硬脆，味甜，酸度低，品质上等。见图 1-1。

图 1-1　京秀

图 1-2　87-1（马海峰供图）

生长结果习性　生长势较强，落花轻，坐果好，丰产性较好；不脱粒，不裂果；抗病力中等，易感染白粉病和炭疽病。

栽培关键点　该品种适于篱架栽培，中短梢混合修剪。栽培时须注意及时疏花疏果，合理负载，以防止产量过高而导致着色不良；要适时套袋，加强对病虫和鸟害的防治。京秀适合在我国北方和南方干旱、半干旱地区进行露地栽培和设施栽培。

2. 87–1

别名　鞍山早红。

分类　欧亚种。

来源　该品种发现于辽宁省鞍山市，具体来源不详。

果实性状　果穗宽圆锥形，有歧肩或副穗，穗大，平均穗重 500 g，最大穗重可以达 2 000 g。果粒着生紧密，长卵圆形，果皮紫红色，平均单粒重 5.5 g，肉脆，多汁，味甜，有浓厚的玫瑰香味。见图 1-2。

生长结果习性　植株生长势中庸，枝条成熟度好，结果能力较强，每个结果枝平均着生 1.6 个花序，副梢结实力强；坐果率高，早果性强，丰产，不裂果。

栽培关键点　注意合理负载，以保证果实早熟和优质，同时注意及早防治黑痘病和霜霉病。适合在华北地区露地及设施栽培。

图 1-3　京亚

图 1-4　红旗特早玫瑰

3. 京亚

分类　欧美杂交种。

来源　由中国科学院北京植物园从黑奥林实生苗中选出。1992 年通过鉴定。全国各地均有栽培。

果实性状　果穗圆锥形或圆柱形，平均穗重 480 g。果粒着生较紧密，椭圆形，果皮蓝黑色或紫黑色，果皮厚，果粉厚，平均单粒重 9.5 g，果肉略软，汁多，风味稍偏酸，完全成熟时果实品质较好。见图 1-3。

生长结果习性　植株生长势中等，每个结果枝平均着生 1.6 个花序；早果性良好，丰产，抗病性强。

栽培关键点　在露地和设施中均可以栽培。适于棚架和篱架栽培。生产中要加强基肥和早期肥水管理，多采用增施磷钾肥、结果枝环剥、延迟采收等降酸栽培技术，以提高其果实品质。

4. 红旗特早玫瑰

别名　红旗特早。

分类　欧亚种。

来源　是山东省平度市红旗园艺场于 1996 年从当地玫瑰香中通过芽变选种筛选出的优良品种。2001 年通过品种鉴定。

果实性状　果穗圆锥形，有副穗，平均穗重 550 g，最大穗重 1500 g。果粒着生紧密，圆形，果皮紫红色，平均单粒重 7~8 g，果粉薄，具有玫瑰香味。见图 1-4。

生长结果习性 植株生长势中庸，健壮，每个结果枝平均着生 1.6 个花序，副梢结实力较强。丰产，耐瘠薄，较抗寒。

栽培关键点 适合在华北、西北、东北地区栽植。适于篱架或小棚架栽培。由于该品种果实发育期较短，成熟期较早，生产中须注意抓好早施基肥、充分冬灌、及时抹芽定梢等管理工作，尤其是在落花后到着色前要保持土壤水分均衡，适当控制氮肥，着色后严格控制灌水，以防止果实裂果和提高果实含糖量。采果后注意保护叶片，及时防治霜霉病。

5. 早黑宝

分类 欧亚种。

来源 是山西省果树研究所用瑰宝与早玫瑰杂交，杂交种子经秋水仙碱处理诱变而成的四倍体优良品种。2001 年通过山西省品种审定。

果实性状 果穗圆锥形，带歧肩，平均穗重 430 g。果粒着生紧密，短椭圆形，果皮紫黑色，平均单粒重 7.5 g，最大粒重可以达 10 g，果肉较软，完全成熟时有浓郁的玫瑰香味。见图 1-5。

图 1-5 早黑宝（翟秋喜供图）

生长结果习性 植株生长势中庸，每个结果枝平均着生 1.37 个花序，副梢结实力中等。早果性强，丰产性强，抗白腐病能力较强，抗霜霉病能力一般，无裂果。

栽培关键点 适合在北方干旱、半干旱地区栽植。适于小棚架和篱架栽培。要严格控制负载量，以促进其提早成熟；花期前后要及时疏花、整穗。该品种在着色阶段果实增大十分明显，应抓好着色前的肥水管理，以促进果实充分发育和果实品质的提高。

6. 户太 8 号

分类 欧美杂交种。

图 1-6　户太 8 号

来源　是陕西西安葡萄研究所从奥林匹亚中通过芽变选种选育出的优良品种。

果实性状　果穗圆锥形，单穗重 600~800 g。果粒着生较紧密，圆形，浆果顶端紫黑色，尾端紫红色，果皮厚，果粉厚，平均单粒重 10.4 g。浆果成熟时，果皮与果肉容易分离，果肉细脆，含糖量高，香味浓郁。见图 1-6。

生长结果习性　植株生长势强旺，结果枝率高，副梢容易形成花芽，可以一年多次结果。果实既可以鲜食，也可以用于制汁。

栽培关键点　适合采用棚架或 T 形篱架栽培。要严格控制结果量，及早疏除过多、过密的花序，及时对花序进行整形，采用套袋栽培，以提高果品质量。

7. 着色香

别名　茉莉香、张旺一号、极品香、玉金香、夏红蜜等。

分类　欧美杂交种。

来源　由辽宁省盐碱地利用研究所于 1961 年从玫瑰露 × 罗也尔玫瑰杂交后代中选育而成。二倍体，雌能花，鲜食和酿酒两用品种。2009 年品种审定备案。

果实性状　果穗圆筒状，大小整齐，穗重 300~400 g。果粒着生极紧密，椭圆形，果实颜色紫红色，自然情况下单粒重 3~5 g，经膨大处理可以达 8 g。果肉无肉囊，肉软，果皮较韧，极耐贮运。可溶性固形物含量 22%，有浓郁的

图 1-7　着色香

图 1-8　8611（翟秋喜供图）

茉莉香味，品质极好。见图 1-7。

生长结果习性　植株生长势中庸，早产性和丰产性好（结果枝率 63%，在东北辽宁、吉林、黑龙江三省栽后第二年亩产 1 000~2 000 kg）（1 亩≈667 m^2）；耐阴雨，耐盐碱；抗寒性和抗病力较强，高抗霜霉病、黑痘病等；成枝好。

栽培关键点　雌能花，需无核化处理，无核化处理后无核率可达 98% 以上，成熟一致。由于该品种果粒略小，生产中需要用激素膨大处理才具有商品优势。

8. 8611

别名　无核早红。

分类　欧美杂交种。无核品种。

来源　是河北省昌黎果树研究所用郑州早红与巨峰杂交育成的三倍体无核品种。

果实性状　果穗圆锥形，平均穗重 290 g。果粒着生紧密，近圆形，果皮粉红色或紫红色，着色均匀一致，粒重 4.5 g，果皮中等厚。经膨大剂处理后，平均穗重 410 g，最大穗重 1 100 g，平均单粒重 9.7 g，最大粒重 19.3 g。见图 1-8。

生长结果习性　植株生长势强，结果枝率高，每个结果枝平均着生 2 个花序；早果性较强，较丰产，抗旱，抗白腐病、霜霉病能力较强。

栽培关键点 在露地和设施内均可以栽培，是北京、河北地区设施栽培中主要推广的品种。结果过多时风味较淡，因此栽培时应注意控制产量，并采用增施磷钾肥来提高果品质量；由于果粒较小，须用赤霉素处理以增大果粒。

9. 粉红亚都蜜

别名 矢富罗莎、兴华一号、早红提。

分类 欧亚种。

来源 由日本矢富良宗用潘诺尼亚 ×（莎巴珍珠 × 楼都玫瑰）杂交选育而成，1990 年日本农林水产省注册。1994 年引入我国。

图 1-9 粉红亚都蜜

果实性状 果穗圆锥形，平均穗重 650 g。果粒长椭圆形，果皮呈红色至紫红色，着色整齐，单粒重 9~12 g，皮薄，不易与果肉分离。果肉较软，多汁，味甜酸，有清香味，不易脱粒，较耐运输。见图 1-9。

生长结果习性 植株生长健壮，结实力较强，每个结果枝平均着生 1.3 个花序。丰产、抗病性较强。

栽培关键点 设施、露地均可以栽培。适于篱架、小棚架栽培。栽培时要注意合理调整负载量，防止结果过多使成熟期延迟和降低果实品质；要进行套袋，防止果实着色过深影响其商品价值。

10. 维多利亚

分类 欧亚种。

来源 由罗马尼亚德哥沙尼葡萄试验站用绯红与保尔加尔杂交选育而成，1978 年进行品种登记。1996 年引入我国。

果实性状 果穗圆锥形或圆柱形，平均穗重 630 g。果粒着生紧密，长椭圆形，果皮绿黄色，平均单粒重 9.5 g，果皮中厚，肉硬而脆，味甘甜，品质佳。果粒耐拉力强，较耐运输。见图 1-10。

生长结果习性 植株生长势中等，每个结果枝平均着生 1.5 个花序，副梢结实力较强。丰产，抗灰霉病能力强，抗霜霉病和白腐病能力中等。

图 1-10　维多利亚

图 1-11　奥古斯特

栽培关键点　适于小棚架短梢修剪。要严格控制负载量，及时疏穗疏粒，以促进果粒膨大。采收后要及时施入腐熟的有机肥。加强对霜霉病和白腐病的综合防治。适合在华北、辽宁及西北部分地区栽植。

11. 奥古斯特

分类　欧亚种。

来源　由罗马尼亚布加勒斯特农业大学用意大利和葡萄园皇后杂交选育而成，1984 年进行品种登记。1996 年引入我国。

果实性状　果穗圆锥形，平均穗重 580 g，最大穗重 1 500 g。果粒着生较紧密，短椭圆形，果皮绿黄色，充分成熟后为金黄色，果粒大小均匀一致。平均单粒重 8.3 g，最大粒重 12.5 g，果皮中厚，肉硬而脆，味甜，稍有玫瑰香味。果实耐拉力强，不易脱粒，耐运输。见图 1-11。

生长结果习性　植株生长势强，枝条成熟度好，结实力强，每个结果枝平均着生 1.6 个花序，副梢结实力极强。结果早，丰产性强，抗病性较强，抗寒性中等。

栽培关键点　适合露地和设施栽培。适于篱架或小棚架栽培。要及时进行夏季修剪，保证架面通风透光；注意控制结果量，保持土壤水分均衡，防止发生裂果。

12. 优无核

别名　上等无核、美国黄提。

分类　欧亚种，无核品种。

来源　由美国加利福尼亚州用绯红和未命名的无核品种杂交选育成，20世纪70年代初美国正式发表。1993年引入我国。

果实性状　果穗圆锥形，平均穗重800 g，最大穗重2 000 g。果粒着生较紧密，近圆形，果皮黄绿色，平均单粒重7 g，果皮中等厚，果粉薄。无籽，肉脆，汁多，味甜，略有玫瑰香味，品质极优。见图1-12。

生长结果习性　植株生长势中等，每个结果枝平均着生1.2个花序。适应性强，丰产。抗霜霉病、黑痘病、炭疽病，贮运性能较好。

栽培关键点　华北及西北葡萄产区均可以栽培。适于棚架或T形篱架。栽培中若负载量过大或管理不善，易出现大小年现象，故应及时疏果和整穗；花芽多着生在枝条第5~6节，因此冬剪时宜采用长中梢修剪，适当多留芽。

13. 夏黑

别名　黑夏、夏黑无核。

分类　欧美杂交种，无核品种。

来源　由日本山梨县果树试验场利用巨峰和二倍体无核白杂交选育而成，1997年8月获得品种登记。2000年引入我国。

果实性状　果穗圆锥形或有歧肩，平均穗重420 g。果粒着生紧密，近圆形，果皮紫黑色，易着色，果粒较小，自然状况下平均单粒重3.5 g，经赤霉素处理后可达7.5 g，果皮厚，果粉厚，果肉硬脆，无肉囊，有较浓的草莓香味。见图1-13。

生长结果习性　植株生长势强旺，每个结果枝平均着生1.5个花序；丰产性和抗病性均强，耐贮运性较好，果实成熟后不裂果，不落粒。

栽培关键点　露地和设施均可以栽培。由于其粒小，栽培时要用赤霉素进行处理，以使其果粒膨大。

14. 寒香蜜

别名　美国无核王、无核寒香蜜。

分类　欧美杂交种，无核品种。

来源　原产美国。

果实性状　果穗圆锥形，单穗重300~500 g。果粒着生紧密，圆形，果皮

图 1-12 优无核

图 1-13 夏黑

粉红色。果粒小，平均单粒重 4 g 左右。果皮薄，果粉厚，易与果肉剥离，果肉质地较软，汁液多，无肉囊，味甜，无涩味，有浓郁的玫瑰香味，含糖量 20% 以上，品质极佳。见图 1-14。

生长结果习性 植株生长势较强，结果枝率高，双穗率高，丰产性强，抗寒性强。极容易形成花芽。

栽培关键点 露地和设施均可以栽培，特别适于东北及华北无霜期短的地区栽培。适合小棚架栽培。要重视夏季修剪，保持架面通风透光。最好套袋栽培，防止裂果。该品种白腐病发生较重，应注意及时预防。坐果率高，需花前拉长花序。

15. 香妃

分类 欧亚种。

来源 由北京市林业果树研究所用玫瑰香和莎巴珍珠的杂交后代 73-7-6 和绯红为亲本杂交选育而成。

果实性状 果穗圆锥形，平均穗重 350 g。果粒着生较紧密，圆形或近圆形，果皮黄绿色，平均单粒重 8 g，果皮薄、质地脆，无涩味，果粉中等。果肉硬脆，酸甜适口，有淡淡的清香味，品质上等。见图 1-15。

生长结果习性 植株生长势中庸，每个结果枝平均着生 1.82 个花序；坐果率高，无落花落果现象。早果性、丰产性、抗病性均较强，且能连年丰产。

图 1-14　寒香蜜

图 1-15　香妃

栽培关键点　适于干旱、半干旱地区露地和设施栽培。露地栽培时，果实成熟期降雨或土壤水分不均匀时，极易造成裂果，因此要采用套袋栽培。设施栽培时要注意光照问题，光照不足会导致花芽形成能力差，影响坐果。

四、中熟鲜食葡萄的优良品种有哪些?

1. 辽峰

分类　欧美杂交种。

来源　是辽宁省辽阳市农民赵铁英等从巨峰中发现的优良无性系芽变，2007 年通过辽宁省品种鉴定，目前在辽宁、山东、河北、浙江、江苏、四川、重庆、吉林等省市均有栽培。

果实性状　果穗圆锥形，有副穗，平均穗重 600 g，最大穗重 1 350 g。果粒圆形或椭圆形，果皮紫黑色，果粉厚，易着色，平均单粒重 14 g，最大可达 18 g；果肉与果皮易分离。果肉较硬，味甜适口，品质上乘。

生长结果习性　植株生长健旺，每个结果枝平均着生 1.7 个花序。抗风、抗旱，无大小粒，无裂果现象；枝条成熟早，易于管理，抗病性强，尤其对霜霉病和白腐病的抗性强于巨峰。该品种生长量大，丰产性好，成熟期早。见图 1-16。

栽培关键点　适于棚架栽培。该品种喜肥水，比巨峰要求更高的肥水条件。花前少施氮肥，防止新梢徒长。合理进行花序整形和疏粒。针对成熟较早的特点，可提前施用促进果实着色成熟的磷钾肥。成龄树特别适合进行无核化

图 1-16　辽峰葡萄丰产状

图 1-17　无核化的辽峰葡萄

栽培（图 1-17），在保持强旺树势的情况下，要早抹芽、早定枝、早摘心、早疏花序，同时重摘心（花序上部保留 2~3 片大叶）、重疏花序（每个花序保留 12~14 个小分枝），以保证较高的坐果率，否则会造成果形松散（图 1-18），失去商品价值。开花前所有的副梢全部去除，开花后保留新梢最前端一个副梢，留 2~3 片叶摘心，其余副梢全部抹掉。

2. 巨玫瑰

分类　欧美杂交种。

来源　是大连农业科学院园艺研究所用沈阳大粒玫瑰香和巨峰杂交育成的四倍体品种，2002 年通过品种审定。

果实性状　果穗圆锥形，平均穗重 514 g，最大穗重 800 g。果粒椭圆形，果皮

图 1-18　辽峰葡萄果穗松散状

图 1-19　巨玫瑰

紫红色，果粉中等。平均单粒重 9 g，果皮中等厚，果肉柔软多汁，果肉与种子易分离，无明显肉囊，有较浓的玫瑰香味。见图 1-19。

生长结果习性　植株生长势强，枝条成熟度高。每个结果枝平均着生 1.72 个花序。早果性、丰产性好，不裂果，不落粒。较抗白腐病、霜霉病、炭疽病等。

栽培关键点　适合棚架栽培。为保证树势健壮，要合理控制产量，并重视秋施基肥。为提高果实品质，最好进行套袋栽培。冬剪时采用中、短梢修剪。

3. 醉金香

分类　欧美杂交种。

来源　是辽宁省农业科学院园艺研究所以沈阳玫瑰和巨峰杂交选育而成的四倍体品种，1997 年通过品种审定。

果实性状　果穗圆锥形，果穗特大，平均穗重 800 g，最大可达 1 800 g。果粒呈倒卵形，充分成熟时果皮呈金黄色，成熟一致。果粒特大，平均粒重 13 g，最大粒重 19 g，大小整齐，果粉中多，果皮中厚，果皮与果肉易分离，果汁多，无肉囊，香味浓，品质上等。见图 1-20。

生长结果习性　植株生长旺盛，每个结果枝平均着生 1.32 个花序，副梢结实力强。对霜霉病和白腐病等真菌性病害具有较强的抗性。

图 1-20　醉金香（马丽供图）

图 1-21　牛奶

栽培关键点　该品种适合棚架或篱架栽培，中、短梢修剪。幼树期注意保持营养生长与生殖生长的平衡，使树势强健而不徒长。进入结果期要重视秋施有机肥，氮肥要适量，多施磷肥和钾肥。该品种成熟后易落粒，应注意及时采收。

4. 牛奶

别名　宣化白葡萄、白牛奶、玛瑙。

分类　欧亚种。

来源　原产于我国。华北、西北等地均有栽培，目前为河北宣化地区的主栽品种。

果实性状　果穗长圆锥形，平均穗重 350 g 以上，最大穗重达 1 400 g。果粒着生中等紧密，长圆形，果皮黄绿色，平均单粒重 6 g，果皮薄，果肉脆，多汁，味甜、清爽。见图 1-21。

生长结果习性　植株生长势强，每个结果枝平均着生 1.1 个花序，副梢结实力弱。耐寒性差，抗病力弱，易感染黑痘病、白腐病及霜霉病。成熟期土壤水分过多时易裂果。

栽培关键点　该品种适于棚架栽培，中、短梢修剪。由于耐寒性、抗湿性及抗病力差，适合在华北、西北干旱和半干旱地区栽培，且冬春季要注意防冻防旱。该品种果皮薄，稍有碰伤易形成褐斑而影响商品价值，因此采收、贮运过程中要注意不要碰伤果实。

5. 巨峰

分类 欧美杂交种。

来源 原产日本，亲本为大粒康拜尔和森田尼，四倍体品种。1954 年定名，1959 年引入我国，目前已成为我国南北方葡萄产区第一位的鲜食葡萄主栽品种。

果实性状 果穗圆锥形，平均穗重 450 g。果粒着生稍疏松或紧密，短椭圆形，果皮紫黑色，平均单粒重 9.1 g，果皮中厚，肉软，有肉囊，果肉与果皮易分离，味酸甜，有草莓香味，果刷短，成熟后易落粒。见图 1-22。

图 1-22 巨峰

生长结果习性 植株生长势强，每个结果枝平均着生 1.62 个花序。结果早，易丰产，抗病力较强，但落花落果较重。

栽培关键点 该品种如管理不当易导致坐果率低、果粒大小不一，雨水过多易造成大量裂果，严重时全穗基本无好粒，果穗无商品价值，因此栽培上提倡合理负载，加强综合管理，培养健壮稳定的树势，采用综合技术防止落花落果，提高果实品质。

6. 玫瑰香

分类 欧亚种。

来源 由英国斯诺用黑汉和亚历山大杂交选育而成，是我国北方主栽品种，目前在山东、河北、天津等地均有较大面积的栽培。

果实性状 果穗圆锥形，平均穗重 350 g。果粒着生疏散或中等紧密，椭圆形或卵圆形，果皮黑紫色或紫红色，平均单粒重 4.5 g，果粉较厚，果皮中等厚、韧，易与果肉分离，果肉稍软，多汁，果味香甜，有浓郁的玫瑰香味。不裂果，无日灼。见图 1-23。

图 1-23 玫瑰香

生长结果习性 植株生长势中等，成花力极强，每个结果枝平均着生 1.5 个花序，副梢结实力强。适应性强，抗寒性强，根系较抗盐碱，但抗病性稍弱，尤其易感染霜霉病、黑痘病和生理性病害——水罐子病。

栽培关键点 适于棚架和篱架栽培，中、短梢修剪。栽培中注意加强肥水管理，及时进行夏剪和严格控制负载量，开花前要及时摘心、掐穗尖，以促进果穗整齐、果粒大小一致。注意防治各种病害。

7. 藤稔

别名 乒乓葡萄。

分类 欧美杂交种。

来源 是日本用井川682与先锋杂交培育而成的四倍体品种，1986年引入我国。目前在浙江、江苏、辽宁、河北等地有栽培。

图 1-24 藤稔

果实性状 果穗圆锥至圆柱形，平均穗重400~500 g。果粒着生中等紧密，近圆形，果皮紫黑色，果粒特大，平均单粒重15~16 g，皮厚，果肉多汁，味酸甜，稍有异味。见图1-24。

生长结果习性 植株生长势较强，易形成花芽，每个结果枝平均着生1.6个花序。较丰产，适应性强。较抗病，但易感染霜霉病、灰霉病和黑痘病。

栽培关键点 适于棚架、篱架栽培。结果期应及时防治各种病虫害，并实行套袋栽培。该品种对肥水需求较高，要适时供应肥水，以增强树势。应及时疏穗疏粒，以保持粒大的特点。果实成熟后极易落粒，要注意及时采收。

8. 里扎马特

别名 玫瑰牛奶、沙尔。

分类 欧亚种。

来源 原产苏联，由可口甘与巴尔干斯基杂交选育而成。我国于20世纪70年代和80年代先后从苏联和日本引入。全国各地均有栽培。

果实性状 果穗圆锥形，果穗大，果粒着生松散，平均穗重850 g，最大穗重达2 500 g。果粒长椭圆形，平均粒重10 g，最大粒重19 g。成熟后果皮鲜红色至暗红色，果皮薄，果粉少，果皮与果肉难分离。肉质脆、细腻、清香味甜，

图 1-25　里扎马特（何芳供图）

图 1-26　无核白（蔡军社供图）

品质优良。见图 1-25。

生长结果习性　植株生长势极旺，每个结果枝平均着生 1.13 个花序。副梢结果能力弱，产量中等。抗病性较弱，易感染白腐病和霜霉病。采收后果粒不耐贮藏和运输。

栽培关键点　该品种在多雨年份病害多，成熟期遇雨有时裂果，适于在雨水较少而有灌溉条件的干旱和半干旱地区栽培；要及时防治病害和合理调控土壤水分状况。适合棚架栽培和长梢修剪。管理不当易出现大小粒现象，因此应及时进行果穗整形和疏果。夏剪时多留叶片，以防止果实发生日灼。

9. 无核白

别名　美国青提、汤普逊无核、无籽露。

分类　欧亚种。

来源　原产中亚细亚。为鲜食和制干兼用品种，目前是我国新疆地区的主栽品种，在内蒙古乌海、甘肃敦煌等地区也有栽培。

果实性状　果穗圆柱形，双歧肩，平均单穗重 337 g。果粒着生紧密或中等紧密，椭圆形，黄白色，果粉中等厚，自然生长条件下平均单粒重 1.64 g，皮薄。果肉浅绿色，肉脆，汁少，味甘甜，无香味，品质优良。见图 1-26。

生长结果习性　植株生长势强，每个结果枝平均着生 1.1 个花序，副梢结实力强。抗旱力强，抗病力差，易感染白粉病、白腐病和黑痘病。

栽培关键点　该品种适合棚架栽培，中、长梢修剪。由于自然坐果果粒较小，生产中需要用赤霉素进行膨大处理，以增大果粒。该品种抗病性较弱，生产中要注意及早预防病害，并且选择在西北干旱、生长期较长的地区栽培。

图 1-27　无核白鸡心

10. 无核白鸡心

别名　森田尼无核、世纪无核。

分类　欧亚种。

来源　由美国加利福尼亚州立大学农业实验站用 Gold 和 D26-6 杂交选育而成，1980 年发表。1983 年由沈阳农业大学从美国引入，目前全国各地均有栽培。

果实性状　果穗长圆锥形，平均穗重 500 g 以上，最大穗重可以达 1 300 g。果粒着生中等紧密，长卵圆形，略呈鸡心状，绿黄色或金黄色，自然生长条件下平均单粒重 4.5 g，经过赤霉素处理后可以达 8 g，果皮薄，果肉硬而脆，果汁中多，不裂果，略有香味，甜酸适口，无籽，品质极佳。见图 1-27。

生长结果习性　植株生长势强，每个结果枝平均着生 1.2 个花序。适应性强，丰产，抗盐碱。抗病性中等，较抗霜霉病，但不抗白腐病和黑痘病。春季幼叶易受绿盲蝽为害。

栽培关键点　适于露地和设施栽植，适合棚架栽培。生长季须及早预防白腐病、黑痘病和绿盲蝽。栽培时要防止生长过旺而影响花芽分化和果实生长。宜实行套袋栽培。

11. 奇妙无核

别名　黑美人、神奇无核、幻想无核。

分类　欧亚种。

来源　是美国加利福尼亚州杂交培育的无核品种，1988 年通过鉴定，1998 年引入我国。

果实性状　果穗圆锥形，平均穗重 500 g。果粒着生中等紧密，长椭圆形，果皮浅黑色，平均单粒重 6~7 g，果粉厚，果肉白绿色，半透明，果肉中等硬度，

图 1-28　奇妙无核

图 1-29　金星无核（孙凌俊供图）

果皮不易与果肉分离，果皮中厚，味甜，品质优良。个别果实有残核。见图 1-28。

生长结果习性　生长势强，每个结果枝平均着生 1.6 个花序。抗病性强，适应性较强，果粒不易脱落，耐贮运。

栽培关键点　适于棚架栽培，长梢修剪。该品种不宜用赤霉素处理来增大果粒，因赤霉素处理会导致坐果率降低，成熟期延迟，但可以在转色期对结果枝进行环剥来促进果粒增大和提高含糖量。

12. 金星无核

分类　欧美杂交种。

来源　原产美国，1983 年由沈阳农业大学从美国引入，目前在辽宁、天津、南方部分地区有栽培。

果实性状　果穗为圆柱形或圆锥形，平均穗重 350 g。果粒着生紧密，近圆形，果皮蓝黑色，果粉厚，平均粒重 4.2 g，果肉略软，汁多，有香气。无核或有残存的种子。见图 1-29。

生长结果习性　植株生长势强，每个结果枝平均着生 1.6 个花序，坐果率高，无落花落果现象，副梢易形成花芽。早果性、丰产性均强，抗病、抗寒力较强。一般不裂果、不脱粒。

栽培关键点　适于棚架和篱架栽培，中、短梢修剪。该品种与其他品种混栽时易形成种子，所以应注意单品种集中栽植。该品种易形成花芽，应注意通过抹芽、疏枝、疏果穗来调节产量，将每亩产量控制在 1 500~1 750 kg。

13. 阳光玫瑰

图 1-30 阳光玫瑰

别名 夏音卡斯马特、金华玫瑰、亮光玫瑰、香印青提、晴王。

分类 欧美杂交种，二倍体。

来源 由日本果树试验基地安芸津分基地用安芸津 12 和白男杂交选育而成。2009 年引入我国,是我国近几年主要推广的品种。

果实性状 果穗圆锥形,平均穗重 600 g。果粒着生紧密，圆形，黄绿色，果面有光泽，果粉少。平均单粒重 8~12 g,果肉鲜脆多汁，有玫瑰香味，鲜食品质极优。成熟后，在树上挂果可长达 2~3 个月而不落粒，采收后挤压不易破裂。见图 1-30。

生长结果习性 植株生长势强，萌芽率高，新梢结实力强，丰产、稳产。较抗白腐病、霜霉病、白粉病，自然坐果落果偏重，果穗较松散。

栽培关键点 该品种若管理不当，会出现大小粒严重、果粒中空、只甜不香等问题，因此栽培时提倡中穗栽培，重整花序；无核化栽培选择适宜的药剂，使果粒控制在 15 g 以下，以保证果实品质，忌果粒过大；可多次疏果，去除小粒；套袋栽培时采用蓝色或绿色果袋，以防日灼。

14. 甜蜜蓝宝石

别名 月光之泪。

分类 欧亚种。

来源 该品种由美国一家繁殖无核品种的机构拥有专利，由 International Fruit Genetics 公司和阿肯色大学等共同开发推广。我国于 2016 年引进。

果实性状 果穗长圆柱形，单穗重 1 000 g 以上，平均单粒重 8~10 g，果粒长圆柱形，状如小手指形，果顶凹陷，皮薄肉脆，自然无核。果皮蓝黑色，着色快速而均匀，有轻微的涩味。可溶性固形物在 20% 以上，风味纯正，脆甜无渣。见图 1-31。

图 1-31　甜蜜蓝宝石

图 1-32　妮娜皇后（张国军 供图）

生长结果习性　植株生长旺盛，枝条节间长。果实皮薄容易发生日灼。成熟后不落粒、不烂尖，可挂树 1 个月以上，耐贮运。叶片不抗霜霉病。

栽培关键点　当年种植以后，树势非常旺，宜选用缓和的架形控制树势，一般采用单干双臂的架形。为保证果实品质，多施用有机肥，控制氮肥的使用，注意喷施叶面肥，促进枝条老化、芽眼饱满。蓝宝石多数是大穗形，要严格进行果穗修整，保证串形松而不散。果实成熟期注意控制肥水，以免造成蓝宝石葡萄裂果。

15. 妮娜皇后

别名　妮娜公主。

分类　欧美杂交种，四倍体。

来源　是日本新培育的红色特大粒葡萄品种。

果实性状　果穗圆柱形，平均穗重 700~750 g，最大穗重 1 200 g。果粒较大，平均单粒重 15 g，最大 17 g。果粒生长紧密，颜色呈红色，表皮有一层薄薄的果粉；果肉甜美多汁，带有淡淡的玫瑰香味，可溶性固形物含量达 20% 以上，品质上等。见图 1-32。

生长结果习性　植株生长势强，每个结果枝平均着生 1.58 个花序，容易形成花芽，早果性强，丰产性好，适应环境能力和抗病能力较强。果实不容易脱粒，耐运输。

栽培关键点 开花结果期，注意增施磷钾肥及硼肥，以减少落花落果。夏季强光下，注意遮阳，以防果实被灼伤。妮娜皇后着色较难，须注意控制产量，防止产量过高影响上色；葡萄转色期应增加钾肥使用量。气候和栽培地点的影响可能会发生缩果症，因此在果实第二次膨大期要注意土壤干湿程度变化不要太大。

五、晚熟鲜食葡萄的优良品种有哪些?

1. 龙眼

别名 紫葡萄、红葡萄、秋紫、老虎眼。

分类 欧亚种。

来源 原产于我国。目前在山西、河北等地栽培面积较大。

果实性状 果穗圆锥形、单穗重 515~1 045 g。果粒着生中等紧密，近圆形，果皮紫红色，平均单粒重 5 g，果皮中厚，有明显的灰白色果粉，果肉柔软多汁，风味清爽酸甜。果实极耐贮藏。见图 1-33。

生长结果习性 植株生长势旺盛，每个结果枝一般着生 1 个花序，副梢结实力弱。抗寒、耐旱、耐瘠薄。抗病性略差，易感染黑痘病。

图 1-33 龙眼

栽培关键点 该品种宜采用棚架栽培，中、短梢修剪。由于其适应性强，耐瘠薄，抗病性稍差，所以适合在北方丘陵、山区栽培，不宜在湿热多雨的南方地区栽培。

2. 夕阳红

分类 欧美杂交种。

来源 是辽宁省农林科学院园艺研究所用玫瑰香芽变 7601 与巨峰杂交选育出的四倍体品种。

果实性状 果穗长圆锥形，无副穗，平均穗重 850 g，果穗大小整齐。果粒

图 1-34　夕阳红

图 1-35　红地球

着生紧密，椭圆形，果皮紫红色，平均单粒重 13 g，果皮中厚，果肉较软，汁多，味甜，有明显的玫瑰香味。果实成熟后不落粒。见图 1-34。

生长结果习性　植株生长势健旺，每个结果枝平均着生 1.4 个花序。早果性好，丰产性强，抗病性较强。

栽培关键点　该品种生长后期易感染白腐病，生产上应加以重视。此外，栽培时应注意严格控制产量，否则容易出现着色不良现象。

3. 红地球

别名　晚红、大红球、美国红提等。

分类　欧亚种。

来源　由美国加利福尼亚州用多亲本、多次杂交选育而成，1986 年引入我国。目前在新疆、山东、山西、陕西、河北及辽宁、北京、天津等地发展较多。

果实性状　果穗长圆锥形，平均穗重 700~800 g。果粒着生紧密，圆形或卵圆形，果皮中厚，鲜红色，色泽艳丽，平均粒重在 12 g 以上。果肉硬而脆，可以削成薄片，酸甜适口，品质上等。不裂果，果刷粗长，不脱粒，极耐贮藏和运输。见图 1-35。

生长结果习性 植株生长势较强，每个结果枝平均着生 1.3 个花序。丰产性强，抗寒力和抗病力均较弱，易感染黑痘病、白腐病、炭疽病、霜霉病和日灼病。

栽培关键点 适于小棚架或篱架栽培。幼树宜长、中、短梢混合修剪。该品种新梢成熟较晚，要及时摘心和处理副梢，副梢可多留叶片，以减轻日灼危害程度；控制氮肥、增补磷钾肥。严格控制产量，及早疏穗疏粒。红地球成熟期晚、抗寒力差，应选择在无霜期较长、积温较高的干旱和半干旱地区种植。

4. 秋黑

图 1-36 秋黑（何芳供图）

别名 美国黑提。

分类 欧亚种。

来源 由美国加利福尼亚州立大学于 1960 年利用 Calmeria 与 Black Rose 杂交选育而成，1988 年引入我国。目前我国各地均有栽培。

果实性状 果穗长圆锥形，果穗大，平均穗重 700 g。果粒长椭圆形，果皮蓝黑色，果粒着生紧密，平均单粒重 9 g，果皮厚，果粉多，果肉硬脆，果汁中多，味酸甜。耐贮性强。见图 1-36。

生长结果习性 植株生长势强，每个结果枝平均着生 1.5 个花序，副梢结实力中等，产量高，抗病性中等。

栽培关键点 适于小棚架栽培，中、短梢混合修剪。幼叶对石灰较为敏感，为防止出现药害，喷施波尔多液时要适当降低石灰的含量和比例。该品种为晚熟品种，在生长期较长的地区可以适量发展。

5. 美人指

别名 染指、红指。

分类 欧亚种。

来源 由日本植原葡萄研究所用尤尼坤与巴拉底 2 号杂交选育而成，1994

年引入我国。

果实性状 果穗圆锥形，无副穗，平均穗重 450~800 g。果粒着生中等紧密，长椭圆形，果粒先端鲜红色，光亮，基部色泽稍淡，平均单粒重 10~12 g，最大粒重可以达 20 g，果皮薄但有韧性，果皮与果肉难分离，果粉厚，果肉脆甜可切成片，不易裂果，品质上等。果实耐贮运性好。见图 1-37。

图 1-37 美人指

生长结果习性 植株生长势极强，易徒长，每个结果枝平均着生 1.1 个花序。抗病性弱，枝条成熟较晚。

栽培关键点 适合在西北、华北积温较高的地区栽植。为促进花芽形成，宜采用棚架整形，中长梢修剪，以缓和树势。该品种抗病性较弱，尤其是日灼病较重，应做好病虫害防治工作，并采取果实套袋、避雨栽培等技术措施。

6. 摩尔多瓦

分类 欧亚种。

来源 由摩尔多瓦葡萄育种家 M. S. Juraveli 和 I. P. Gavrilov 等通过古扎丽卡拉（Guzali Kala）和 SV12375 杂交选育而成。

果实性状 果穗圆锥形，平均穗重 650 g。果粒着生中等紧密，短椭圆形，果实蓝黑色，着色一致。果粒大，平均单粒重 9 g，果粉厚，果肉柔软多汁，品质佳。果实耐贮藏和运输。见图 1-38。

生长结果习性 植株生长旺盛，每个结果枝平均着生 1.65 个花序。丰产性好。果实易着色，且均匀一致。抗霜霉病能力强，但对白粉病和黑痘病抗性一般。

栽培关键点 该品种既可以在田间栽培，也可以作观光栽培。

图 1-38 摩尔多瓦

图 1-39　魏可

图 1-40　高妻（孙凌俊供图

由于生长势强旺，为防止架面郁闭，须及早抹芽、定梢。要注意及早防治黑痘病、白腐病，以保证果实品质。

7. 魏可

别名　温克。

分类　欧亚种。

来源　由日本山梨县用 Kubel Muscat 与甲斐露杂交选育而成，1999 年引入我国。

果实性状　果穗圆锥形，平均穗重 450 g。果粒卵圆形，果皮紫红色至紫黑色，粒大，平均单粒重 10.5 g，果皮中厚，具韧性，果肉脆，多汁，味甜，品质优良。见图 1-39。

生长结果习性　植株生长势强，每个结果枝平均着生 1.5 个花序。潜伏芽萌发能力强，且萌发的枝条易形成花芽。抗病性强，丰产性强。

栽培关键点　适合在无霜期大于 170 d 以上的地区栽培，在无霜期短的地区栽培会造成果实不能正常成熟。生产中宜采用棚架或 Y 形篱架缓和树势。魏可形成花芽能力强，要注意合理负载。要加强果穗整形，及时去除小青粒。该品种果实在成熟期水分供应不均匀时易裂果，生产中应加以注意。

8. 高妻

分类　欧美杂交种。

来源 由日本长野县用先锋与森田尼杂交选育而成的四倍体品种，1992年经日本农林水产省注册。1995年引入我国，目前在山东、辽宁、北京、天津、河北等省市均有栽培。

果实性状 果穗圆锥形，平均穗重600 g左右。果粒短椭圆形，充分成熟后果皮为黑色，果粉多，平均单粒重15 g左右，果皮厚，与果肉易分离，不裂果，果肉中等软硬，含酸量低，香味浓郁，品质优良。耐贮运。见图1-40。

生长结果习性 树势中庸，每个结果枝平均着生1.5个花序，副梢结实力弱。早果性强，丰产，抗病，抗寒。

栽培关键点 当高妻进入丰产期后，要注意增施有机肥，并多施含钾的复合肥。开花期及果实着色成熟期忌浇水。套袋时选择白色蜡纸袋效果较好，着色期不用去袋，成熟后可以带袋采收。

9. 克伦生

别名 克瑞森无核。

分类 欧亚种，无核品种。

来源 由美国加利福尼亚州采用皇帝与C33-199杂交选育而成，1988年通过品种登记，1998年引入我国。

果实性状 果穗圆锥形，有歧肩，平均穗重500 g。果粒椭圆形，亮红色，具较厚果粉，平均单粒重4 g，果皮中厚，不易与果肉分离；果肉黄绿色，细脆，半透明，果味甜，品质上乘。不易落粒，果实耐贮运。见图1-41。

生长结果习性 植株生长旺盛，萌芽力和成枝力均较强，主梢、副梢均易形成花芽。抗病性稍强，但易感染白腐病。

栽培关键点 该品种生长势强，定植时要适当稀植，采用小棚架或棚篱架栽培，中、短梢混合修剪。负载量过大或管理不当，易发生着色不良，可采用去老叶、提早除果袋等措施促进其着色。由于树势强旺，栽培中要注意控制肥水，以免影响结果和果品质量。

图1-41 克伦生（张国军 供图）

图 1-42　红宝石无核

10. 红宝石无核

别名　大粒红无核。

分类　欧亚种，无核品种。

来源　由美国加利福尼亚州用皇帝与 Pirovan075 杂交选育而成，1987 年引入我国。目前在山东、河北地区栽培较多。

果实性状　果穗圆锥形，有歧肩，平均穗重 850 g。果粒着生紧密，卵圆形，果皮亮红紫色，平均单粒重 4.2 g，果皮薄，果肉脆，味甜。果实耐贮运性中等。见图 1-42。

生长结果习性　植株生长势强，每个结果枝平均着生 1.5 个花序。早果性和丰产性好，适应性较强。抗病性较弱。

栽培关键点　该品种果粒略小，生产中可以用赤霉素处理以增大果粒。由于易感染黑痘病和霜霉病，应及早防治。采收时要小心细致，以防损伤果梗和穗梗，影响品质。

六、我国鲜食葡萄主要栽培区域有哪些?

我国是世界上最大的鲜食葡萄生产国和消费国，目前鲜食葡萄种植面积超过 53 万 hm^2（1 hm^2=10 000 m^2），产量为 700 多万 t。除西藏以外各省份均有栽培，依据各地区自然条件、栽培模式和栽培品种等因素综合分析，将鲜食葡萄栽培区域划分为 6 个，具体见表 1-3。

表 1-3　我国鲜食葡萄栽培区域、主要特点及主要栽培品种

栽培区域	包含地区	主要特点	主要栽培品种
西北干旱、半干旱产区	新疆、甘肃、宁夏、内蒙古西部、陕西中北部	此区域昼夜温差大、葡萄含糖量高；生长季雨水较小，病虫害较轻；集约化经营程度较高。但气候寒冷，一些年份会发生冻害；土壤多偏盐碱，不宜用贝达作砧木；灌溉多采用大水漫灌，节水灌溉应用较少	无核白、克伦生、红地球、无核白鸡心、里扎马特、奥古斯特、维多利亚、秋黑、巨峰

续表 1-3

栽培区域	包含地区	主要特点	主要栽培品种
东北中北部寒冷产区	黑龙江、吉林全省、辽宁北部、内蒙古东部	此区域冬季气候寒冷、生长季活动积温较低、生育期短，易遭受早霜和晚霜危害，可发展设施栽培。露地栽培宜选择早熟品种，苗木选用抗寒的贝达作砧木	巨峰、蜜汁、紫珍香、无核白鸡心、里扎马特
华北及环渤海湾湿润产区	山东、河北、山西、辽宁南部、陕西中南部、京津地区	此区域冬季少雪、春季干旱多风，冬季根系易出现冻害、春季枝条容易抽干，因此需埋土防寒。生长积温较长，降水量适中，病虫害不会造成严重威胁。该区域设施栽培，尤其是避雨栽培，发展较快	克伦生、夏黑、维多利亚、巨峰、玫瑰香、红地球、早黑宝、无核白鸡心、京亚、辽峰、阳光玫瑰、里扎马特
黄河故道产区	河南、安徽北部、江苏北部	此区域气候温和，生长积温较长，冬季葡萄无须埋土防寒。降水量大、空气潮湿，透风透光较差，宜采用高干树形和棚架栽培模式。多采用避雨栽培	巨峰、藤稔、京亚、京秀、粉红亚都蜜、秋黑、玫瑰香、红地球、美人指、无核白鸡心、红宝石无核
南方湿热产区	安徽南部、江苏、浙江、上海、江西、湖北、湖南、广东、广西、福建、海南、台湾	此区域年降水量大，多雨潮湿，病虫害发生较重。主要采用避雨栽培	夏黑、维多利亚、京秀、巨峰、藤稔、巨玫瑰、醉金香、里扎马特、魏可、美人指、阳光玫瑰
西南高原产区	云南、四川、贵州、重庆	此区域海拔起伏较大，区域内小气候不同，形成了不同的葡萄栽培区域。如云南有4个葡萄种植区：金沙江干热区域、云南干热高海拔区域、红河流域及温带区域，其中干湿季节分明的干热河谷，为国内有名的早熟葡萄产区，如元谋，露地鲜食葡萄3月上中旬上市，干热区5—6月上市，葡萄糖度高，病害少，可以一年两熟	巨峰、红地球、夏黑、玫瑰香、无核白鸡心、克伦生、醉金香、美人指、巨玫瑰、金星无核、夏黑

七、我国葡萄嫁接常用的砧木有哪些？

葡萄生产中使用抗性和适应性良好的砧木进行嫁接栽培，既可以保证葡萄较好的生长发育，提高葡萄的产量和果实品质，提高葡萄的抗逆性，又可以改善生态环境，降低生产成本。在部分地区，嫁接栽培还可以避免出现灾难性的损失。我国葡萄嫁接常用的砧木及特性见表 1-4。

表 1-4　我国葡萄嫁接常用砧木一览表

砧木名称	来源	主要特点	应用范围
山葡萄	我国东北及俄罗斯远东等地	抗寒性特强，较耐瘠薄，不耐涝，不耐盐碱，不抗线虫、不抗根瘤蚜。扦插生根困难，实生苗发育缓慢，根系不发达，须根少，移栽成活率较低。与大部分葡萄品种嫁接亲和力不好，有明显的“小脚”现象	黑龙江、吉林北部寒冷地区
贝达	美洲葡萄和河岸葡萄的杂交后代	抗寒性、抗湿性、抗病性强，抗根瘤蚜，抗旱性中等。抗盐碱能力不强。耐石灰质土壤中等。扦插易生根，与多数品种嫁接亲和力好，有明显“小脚”现象	东北、西北和华北北部地区
SO4	冬葡萄和河岸葡萄的杂交后代	抗根瘤蚜，对根癌病接近免疫，抗根结线虫，抗旱性较强，耐湿性强，抗寒力中等。耐盐碱，耐缺铁黄化症。生长旺盛，扦插易生根，嫁接状况良好，稍有“小脚”现象	长江以南地区、西北寒冷干旱地区
5BB	冬葡萄和河岸葡萄的杂交后代	抗根瘤蚜能力极强，抗根结线虫，抗旱性强（强于 SO4），耐盐性较强，耐湿性较强（弱于 SO4），耐石灰性土壤。扦插易生根，但根细且分布浅，与部分品种嫁接不亲和，“小脚”现象明显	多用于钙质土
1103P	沙地葡萄和冬葡萄的杂交后代	抗根瘤蚜，抗根结线虫，抗旱能力强，抗盐碱能力较强，较抗缺铁失绿。扦插繁殖率中等，与欧洲品种嫁接亲和力强，嫁接苗长势好，根系发达	干旱贫瘠地区
山河 2 号	山葡萄与河岸葡萄的杂交后代	抗真菌性病害能力较强。扦插易生根，成活率极高。与主栽品种嫁接亲和力强	寒冷和极寒冷地区

第二章
Chapter 2

标准化葡萄园的建立

一、葡萄对环境条件有哪些要求？

1. 对温度的要求

一个葡萄品种在某地区是否能栽培成功，与生长季活动积温（大于或等于10 ℃的日平均温度的年度总和）、各物候期平均温度、夏季最高温度、冬季最低温度、冬季地温等几个温度指标息息相关。不同成熟期的葡萄品种对活动积温的要求见表2-1。葡萄不同物候期对温度的要求不同，不同种类及器官忍受低温和高温的能力也不同，具体见表2-2。

表2-1　不同成熟期葡萄对活动积温的要求

不同成熟期葡萄品种	对活动积温的要求
早熟品种	2 300~2 700 ℃
中熟品种	2 700~3 300 ℃
晚熟品种	3 300~3 700 ℃
极晚熟品种	≥ 3 700 ℃

表2-2　葡萄不同物候期、不同种类及器官对温度的反应

物候期	低温极限及其反应	最适温度及表现	高温极限及其反应
萌芽期	10 ℃以上开始萌芽。–3 ℃以下萌动的芽开始受冻	15~20 ℃萌芽整齐，速度快	—
新梢生长期	春季10 ℃以上抽生新梢，–1 ℃时嫩梢和幼叶开始受冻。秋季10 ℃以下停止生长，–3 ℃以下成叶和未成熟新梢受冻	25~30 ℃生长迅速，一昼夜可以延长6~10 cm或更长	35 ℃以上生长停止，40 ℃以上时间较长时出现嫩梢枯萎，叶片变黄脱落
开花坐果期	15 ℃以上开始开花。0 ℃以下花器官受冻死亡，幼果受冻脱落	25~30 ℃开花迅速，授粉受精率高，容易坐果	35 ℃以上授粉受精受阻

续表 2-2

物候期	低温极限及其反应	最适温度及表现	高温极限及其反应
浆果成熟期	–3 ℃以下时浆果受冻或造成生理落果	白天 28~32 ℃，晚间 10~20 ℃，浆果成熟快，着色好，风味浓，品质优	35 ℃以上易得日灼病，呼吸强度大，酶的活动受干扰，浆果品质下降
落叶期	0 ℃以下叶片受冻枯死	3~5 ℃正常落叶	—
休眠期	根系 枝芽 欧亚种 –5 ℃ –18~–16 ℃ 美洲种 –7 ℃ –22~–20 ℃ 欧美杂交种 –7~–6 ℃ –22~–20 ℃ 山葡萄 –16 ℃ –40 ℃ 贝达 –12 ℃ –30 ℃	0~7 ℃利于通过休眠期，第二年春季发芽整齐	15 ℃以上不利于通过休眠期，第二年春季迟迟不发芽，且极不整齐

2. 对光照的要求

葡萄对光照要求见图 2-1。

图 2-1　葡萄对光照要求

3. 对水分的要求

葡萄既是喜水植物，又有较强的抗旱能力。一般认为，葡萄产区最适宜的年降水量为 600~800 mm。葡萄不同物候期对水分的需求不同：生长初期对水分需求最多，开花时需水量减少，开花后需水量又逐渐增多，浆果成熟初期达到高峰，以后又降低。土壤水分状况不同，会对葡萄生长发育产生不同的影响。土壤水分状况对葡萄生长发育的影响见表 2-3。

表 2-3　土壤水分状况对葡萄生长发育的影响

水分状况	对葡萄生长发育的影响
土壤水分充足	植株萌芽整齐，生长迅速，浆果粒大饱满
土壤水分过多	植株徒长，新梢生长结束晚，枝条成熟度差，不利于越冬
土壤干旱缺水	抑制葡萄新梢生长，叶片黄化、老化，甚至出现早期落叶；也会造成严重落果、大小粒现象，果穗发育差、果粒小、汁液少

4. 对土壤的要求

土壤的质地、土壤养分的供应能力、土壤有机质、土壤微生物群落及土壤 pH 等都会影响葡萄的生长发育，因此，建园前要了解葡萄对土壤的要求。具体参见表 2-4。

表 2-4　葡萄对土壤的要求

项目	对土壤的要求
总体要求	葡萄对土壤的适应性较强，除了极黏重的土壤、重盐碱地、沼泽地外，一般土壤均可以种植。但以土层深厚肥沃、土质疏松、通气良好的沙壤土为最好
地下水位	一般要求地下水位在 1.0 m 以下
pH	土壤 pH 为 5.8~8.2 时均能栽培，以 pH 为 6.0~7.5 时生长良好。土壤 pH 超过 8.5 时，易发生缺素性黄叶病或叶缘干焦。土壤 pH 小于 4 时，葡萄也不能正常生长
含盐量	土壤含盐量小于 0.13% 时，生长结果良好，当超过 0.28% 时，生长结果不正常

二、选择葡萄园园址时要考虑哪些因素？

选择葡萄园园址时考虑的因素有地理位置、地形地势和土壤条件。具体要求见表 2-5。

表 2-5 葡萄园园址选择要求

因素	具体要求
地理位置	尽量选择在城市郊区、铁路、公路和水路沿线交通方便的地方，便于生产资料的运进与葡萄产品的运出
地形地势	平地选择地势开阔平坦，背风向阳、水源丰富，地下水位小于 1.2 m，排水良好的地方。斜坡地，坡度以 10°~15° 为宜，倾斜度大于 15° 时要做成梯田。不要选择狭窄的山沟、山谷和常有风灾或雹灾的地区建园。对于低洼地，为方便排水，可以先把园地抬高，再经过几年的耕作使土壤熟化，再进行葡萄栽培
土壤条件	最好选择疏松肥沃的壤土或沙壤土。过于黏重的土壤，容易板结，透气性差，不利于葡萄生长。重度盐碱地、沼泽地一般不适宜建园。尽量避免积水或高湿的土壤

三、健康土壤有哪些特征?

土壤健康是指土壤通过生物、物理和化学过程相互结合优化，能使生长在其上的生命得以可持续发展的功能。保证土壤的健康是保证葡萄持续优质高产的基础。

健康土壤应具有以下十大特征：一是具有良好的土壤耕作性能，即疏松、结构良好、土壤有机质含量高，没有大的硬土块；二是具有充足的土层深度，即能保证根系吸收到较多的水和营养元素；三是具有良好的水分储存功能，既在下大雨时能在中、小孔隙中吸持和储存水分，有需要时也可以从大孔隙中迅速排水；四是具有充足但不过量的营养供应，既能保证葡萄正常生长，又不会造成营养淋溶和地下水污染；五是具有数量少或者活性低的植物有害生物，以减少病原菌和害虫对葡萄的为害；六是具有大量有活性的有益生物，以促进有机物质的分解，保持土壤结构，同时抑制植物害虫；七是具有较少的杂草，以避免其与葡萄植株争夺水分和养分；八是没有影响葡萄生长的有害化学物质和毒素；九是对土壤退化的抵抗能力强，即健康的土壤对降雨过多、极端干旱、疾病暴发及其他潜在的不利影响的抵抗能力强；十是当不利情况发生时，土壤的恢复能力强。

四、如何对不良土壤进行改良？

在选择葡萄园园址时，如果受条件所限必须选用不良土壤，则可以对其改良后再进行栽植。具体改良方法见表 2-6。

表 2-6　不同类型园地土壤改良方法一览表

园地类型	土壤特点	改良方法
沙荒地	土壤通透性好、昼夜温差大、耕作方便，但土壤瘠薄，漏水漏肥，有机质含量低	建园前，换沙填土，底层多放些秸秆，上层多施有机肥，增厚土层，提高土壤肥力和保水力
山地	土壤透气性、排水性好，光照充足，病虫害轻，但土壤中含有大量砾石、粗沙，土层薄，有机质少，不保水肥	可以修筑梯田、挖鱼鳞坑等，防止水土流失。如不能全面改土时，可以依据株行距挖大穴或深沟进行局部改土，除去卵石及碎石，并施入有机肥
低洼地 盐碱地	地下水位较高，含盐量偏高，土壤黏重，透气性差，早春地温回升慢，易使葡萄发生缺铁失绿	建园前每隔一定距离挖一个排水沟与大干渠相通，提高田面，降低地下水位，使地下水位降低至 80~100 cm，灌水压碱，排水透碱，使土壤含盐量小于 0.1%。对于盐碱较重的台面，可以采用黄土加沙与有机肥混合换土等措施来改良

五、如何进行葡萄园地的规划？

面积较大的葡萄园在选定园地后，先要对葡萄园进行总体的规划和设计，包括划分小区、道路系统、排灌系统、防护林设置和配套设施等。

1. 划分小区

（1）平地葡萄园　一般应根据地形地貌划分小区。平地葡萄园，小区面积为 1.33~1.66 hm^2（20~25 亩），4~6 个小区为一大区。小区形状为长方形，长边与行向一致，长度一般不超过 100 m。

（2）山地葡萄园　丘陵坡地，应将条件相似的相邻坡面连成小区。坡度在 5°~12° 的山坡地，可以沿等高线挖沟成行栽植；坡度在 12°~25° 的地区，需要

图 2-2　葡萄园的道路系统

修建水平梯田。

2. 道路系统

（1）道路等级划分　根据园地总面积的大小和地形地势，决定葡萄园道路的等级（图 2-2）。大型葡萄园（面积大于 33.35 hm^2）应设主道、支道和作业道。

（2）设置要求　主道贯穿葡萄园的中心和主要工作场所，与外部公路相连，路面宽 6~8 m，能保证汽车或大型拖拉机对开。山地的主道可以环山呈“之”字形而上。支道设在作业区的边界，与主道垂直，连接主道和作业道，路面宽 4~5 m，便于耕作机具或机动车通行。主道和支道为固定道路，路基和路面应牢固耐用。作业道设在作业区内，与支道相连，路面宽 1~3 m。北方地区因葡萄需要冬季埋土防寒，一般行距较大，可以不必单独设立小区内的作业道。小型葡萄园可以根据园地的实际情况综合设路。

3. 排灌系统

（1）灌溉系统　排灌渠道一般设在道路的两侧，分为干渠、支渠和灌水沟三级。按千分之五的比降设计各级沟渠的高程，以便自流灌溉。灌溉的方式有沟灌、喷灌、滴灌和渗灌等。现代果园多采用滴灌（图 2-3）、喷灌（图 2-4）或渗灌等节水灌溉技术。

（2）排水系统　排水系统分为小、中、大（总）排水沟三级。排水沟底要

图 2-3　滴灌

图 2-4　喷灌（微喷）

明显低于地面，由小到大有一定坡降。不同地形、地势，排水沟设置方式不同。平地果园的排水方式主要有明沟排水（图 2-5）与暗沟排水两种（图 2-6）。山地葡萄园的排水系统包括拦洪沟、排水沟和背沟等。

4. 防护林

（1）作用　在葡萄园周围设置防护林，既可以防风，还可以改善园内小气候，兼有防沙、防霜和防冰雹的作用。

（2）设置方法　防护林带一般占地面积约为葡萄园总面积的 10%。10 亩以上的葡萄园，应设主林带、副林带和园边界林。主林带与当地主风向垂直，一般由 4~6 行乔、灌木构成，主林带之间间距为 300~500 m。副林带与主林带垂直，由 2~3 行乔、灌木构成，副林带间距为 100~200 m。边界林外层一般为密栽的小乔木或带刺的灌木，修整成篱笆，可以阻止行人、牲畜进入葡萄园，内层设 2~3 行乔木组成防护林带（图 2-7）。

图 2-5　明沟

图 2-6　暗沟排水（左：铺设暗管　右：排水效果）
（引自王忠跃《葡萄健康栽培与病虫害防控》）

5. 配套设施及设置方法

（1）配套设施　主要包括办公室、生活用房、仓库（包括农药、肥料、工具、机械库等）、贮藏库、包装和堆贮场、机井、蓄水池、药池、沼气池、饲养场和积肥场地等。对于观光采摘的葡萄园，还应建有供游人休息或娱乐用的相关建筑。

（2）设置方法　办公室和生活用房应建在葡萄园的中心位置，或一旁有主干道与外界公路相连处；包装与堆贮场应设在交通方便、相对适中的地方；仓

图 2-7　葡萄园设置防护林

图 2-8　葡萄篱架栽培

图 2-9　葡萄棚架栽培

库和贮藏库应建在取出或放置物品方便的地方，一般与主干路相连；配药池应设在离水源较近处；饲养场应远离办公和生活区，山地果园的饲养场宜设在积肥、运肥方便的较高处。

六、葡萄适宜的架式有哪些?

葡萄为多年生藤本植物，枝蔓比较柔软，不能直立生长，栽培时必须建立支架支撑（架式）。目前生产上应用较多的架式有篱架（图 2-8）和棚架（图 2-9）两类。

1. 篱架

架面与地面垂直或略为倾斜，葡萄枝蔓分布在上面形成篱壁状。篱架主要适合干旱地区以及生长势较缓和的品种。一般采用南北行向栽植。篱架通风透光好，容易立架，节省架材，方便管理，适合机械化作业。篱架具体类型、结构及特点见表 2-7。

表 2-7　篱架类型、结构及特点

篱架类型	架式结构	特点	适用情况
单臂篱架	架高 150~200 cm，行内每 500~600 cm 设 1 个支柱，支柱上最下面第一道铁丝距地面 50~60 cm，以上每间距 40~50 cm 拉 1 道铁丝（图 2-10）	通风透光好，作业方便，但有效架面较少，影响结果量，枝蔓结果部位低，易感染病害	适合冬季不下架防寒或埋土较少的地区和生长势较弱的品种

续表 2-7

篱架类型	架式结构	特点	适用情况
双篱架	架高 150~220 cm。沿行向在植株两侧立 2 行单篱架，呈倒梯形，底部间距 60~70 cm，顶部间距 100~120 cm	有效架面比单篱架增加，单位面积产量较高。通风透光条件不如单篱架，易发生病虫害；对肥水和植株管理要求较高；架材投资大	适合光照、肥水管理条件较好的园地和生长势较弱的品种
宽顶单篱架（“T”形架）	在单篱架的顶端沿行向垂直设 1 根长 60~100 cm 的横梁，使架面呈“T”形。在横梁两端各拉 1 道铁丝，在立柱上拉 1~2 道铁丝	架面增大，通风透光好，较单篱架增产；果穗病虫害轻，品质优；省工，易管理，利于机械化作业。但制作安装费工费料	适合不防寒地区生长势较强的品种
双十字“V”形架	由 1 根立柱，2 根横梁（上横梁长 80 cm，距地面 150~155 cm，下横梁长 60 cm，距地面 115 cm），3 层共 6 道铁丝（立柱距地面 90 cm、115 cm 和 150 cm 处各拉 2 道铁丝）组成（图 2-11）	叶幕层受光面积大，光合效率高，萌芽整齐，新梢生长均衡，通风透光好，但产量不如棚架高	适合我国南方地区

2. 棚架

架面与地面平行或倾斜，葡萄枝蔓均匀分布于架面上形成棚面，适用于北方葡萄埋土防寒地区、南方高温多湿地区、丘陵坡地及庭院中。棚架有利于降

图 2-10　单臂篱架

图 2-11　双十字“V”形架

低地温和气温，加大昼夜温差，利于提高果实品质，架面不荫蔽时利于减轻病害。生产中常用的棚架类型、结构及特点见表 2-8。

表 2-8 棚架类型、结构及特点

棚架类型	架式结构	特点	适用情况
水平棚架	架高 180~220 cm，立柱间距 400~500 cm，架顶端纵横拉上钢丝绳或铅丝，呈水平棚面。四周边线及与葡萄行垂直的每排立柱的顶端都拉骨干线，与骨干线呈垂直方向每隔 50 cm 拉 1 道铅丝（图 2-12）	通风透光良好，果品质量高，病虫害轻；架下空间大，便于小型机械作业。但前期产量较低；不利于上、下架	适合平地葡萄园和生长势较强的品种
倾斜大棚架	架长 800~1 000 cm，架根高 100 cm，前柱高 200~250 cm，架根和前柱中间每隔 400 cm 左右设立 1 根中柱，架根和前柱上设横杆，横杆上沿行向每隔 50 cm 拉 1 道铁丝，形成倾斜式架面（图 2-13）	架面离地面较高，能有效控制病虫害。但棚面过大，管理不当易出现枝蔓前后长势不均衡，结果部位外移，影响产量	适合南方地区、地形复杂的山坡地和生长势比较强的品种
倾斜小棚架	架长 400~600 cm，一般架根高 100~150 cm，前柱高 200~220 cm。在前柱和后柱间搭设横杆，由前柱到后柱每隔 50 cm 顺行向拉一道铅丝，组成倾斜棚面（图 2-14）	主蔓较短，上下架方便；前后生长均衡，容易调节树势，产量稳定；通风透光好，果实品质佳	适合埋土防寒地区、丘陵坡地和生长势中等的品种
篱棚架	其基本结构与小棚架相同。架长 400~600 cm，但架根提高到 150~160 cm，前柱高 200~220 cm	兼有篱架和棚架的优点，能充分利用空间，但管理非常不方便	适合北方埋土防寒地区和生长势较强的品种

七、葡萄定植前的准备工作有哪些？

1. 土壤消毒

（1）目的 土壤消毒可以防止土传或土居病害，克服土壤连作障碍，预防葡萄根瘤蚜和线虫病，显著提高葡萄的产量和品质。目前在北京、河北、山东等地的保护地生产中成功示范应用。

图 2-12　水平棚架

图 2-13　倾斜大棚架

图 2-14　倾斜小棚架

（2）方法 我国土壤消毒的主要方法是利用土壤消毒剂棉隆对土壤进行消毒。具体方法是：土壤消毒前 2~6 d 将土壤浇透水（黏土提前 4~6 d 浇水，沙性土壤提前 2~4 d 浇水），待土壤湿度达 60%~70% 时进行旋耕。旋耕前充分碎土，并清除土壤中的杂物。然后将棉隆颗粒均匀地撒旋于土壤表面，每处理 30 cm 深度土壤所需剂量为 30~45 g/m^2。施药后施耕，深度 30 cm 左右。旋耕后立即覆盖塑料膜，并将膜两侧用土压实，膜上面适当压些袋装、封好口的土壤或沙子。夏季覆膜 15~30 d 后，即可揭膜放风 5~7 d，期间松土 1~2 次。

（3）注意事项 一是选择适宜天气进行消毒，避免在低于 10 ℃或高于 30 ℃的极端天气进行（适宜的土壤温度是土壤 15 cm 处达 15~20 ℃），夏天应避开中午高温时段；二是施药时要逆风向作业，避开人群，施药用量要足，撒施均匀；三是塑料膜不能有破洞，接头处要压严；保持一定的密闭熏蒸时间（15~30 d）；四是施药人员要经过安全技术培训，培训合格后才能操作，且配药和施药时要做好个人安全防护措施；五是施药后要及时进行器械清洗，并将包装材料收集后集中进行无害化处理。

2. 确定栽植密度

栽植密度与葡萄园的通风透光状况、葡萄的早期产量密切相关。葡萄园的栽植密度（株行距），应根据品种的生长特性、当地的气候特点、土地类型、土壤肥沃程度、架式特点及整形方式、肥水条件及品种而定。如树势强旺、花芽分化节位高、容易落花落果的品种适合于大树形，其栽植密度小于树势弱、花芽分化比较好、不易落果的品种；埋土防寒地区，栽植密度应小一些；山地栽植密度应大于平地；肥沃、含氮量高的土壤栽植密度小于贫瘠土壤。不同架式葡萄的栽植密度可以参考表 2-9。

表 2-9 不同架式葡萄的栽植密度

架式	株距 /m	行距 /m	每亩株数
大棚架	1~1.5	8~15	30~83
小棚架	0.5~1	4~6	111~334
单篱架	0.5~1	2~2.5	267~667
双篱架	1~2	2.5~3.5	95~267
棚篱架	1.5~2	3.5~4	83~127
双十字“V”形架	1~1.5	2.5~3	148~267

图 2-15　定植沟

图 2-16　定线

3. 挖定植沟

为给植株根系生长和扩展创造一个深厚疏松肥沃的生长环境，保证苗木生长健壮，栽植前提倡挖大沟。尤其是瘠薄土壤和易板结的土壤，如果不挖坑改土而直接栽苗，会导致根系小、苗弱、根分布浅，从而出现冻害、着色不良、生理障碍等现象，严重时会导致树体死亡。

（1）挖沟时间　最好在头一年深秋进行。

（2）定植沟的规格　定植沟的规格一般为深、宽各 100 cm（图 2-15）。不同地区和不同土质略有不同，沙质土壤可以减少到 80 cm，黏重土壤或在山坡石板土上建园，深度和宽度可以增加到 120 cm。南方红、黄黏土，定植沟宽 70~80 cm、深 70 cm，沿海平原地区沟深为 50~60 cm。如果沟底不铺秸秆等有机物，定植沟深度一般 40~50 cm 即可。

（3）挖定植沟的方法　小型葡萄园挖定植沟可以人工挖掘，大型葡萄园和土壤条件较为复杂的地块一般用开沟机或挖掘机挖掘。挖沟前，先按行距定线（图 2-16），然后按沟的宽度挖掘（图 2-17），并将表土和底土分开放置。回填时，先在沟底铺一层 30~40 cm 厚的有机物，如秸秆、杂草、树枝等（图 2-18）；然后将腐熟的粪肥和表土充分混匀后填入沟内（也可以一层粪肥，一层表土）（图 2-19），厚度约 30 cm，每亩用粪肥 4 000~5 000 kg。最上部 25 cm 左右用少量粪肥或只用表土回填（图 2-20）。如果表土不够，可以从沟两侧或行间挖地表土回填。底土回填到行间或做畦埂。回填后浇水沉实，再平整定植沟（图 2-21）、做畦，准备定植。

（4）注意事项　对排水不良的地块，可以在沟底部填 20~30 cm、等量混匀的炉渣和锯末，作渗水层；土壤回填时，不能让底土填在葡萄苗根系的周围，

图 2-17　挖掘机挖沟

图 2-18　沟底铺秸秆

图 2-19　施入有机肥

图 2-20　土壤回填

图 2-21　回填后平整畦面

图 2-22 葡萄的扦插苗

图 2-23 葡萄的嫁接苗

否则会导致不发苗。由于葡萄幼树根系较小，为避免下层营养浪费，施肥时不能将有机肥、化肥掺入整个大沟中，或将肥料深埋。

4. 选择与处理苗木

（1）选择苗木 葡萄的苗木有扦插苗和嫁接苗之分。冬季气候不太寒冷地区或进行设施栽培时，两种苗木均可以选择，冬季寒冷地区要选择抗寒性强的嫁接苗。苗木的标准是：品种纯正；根系不发霉，具有 6 条以上直径 2~3 mm 的侧根和较多须根；苗径皮层不发皱，直径 5 mm 以上且完全木质化、有 3 个以上饱满芽；色泽新鲜，无病虫害（图 2-22、图 2-23）。如为嫁接苗，注意砧木类型要符合要求、嫁接口要完全愈合。为保证葡萄的产量和品质，生产中最好选择脱毒苗木。

（2）处理苗木 将合格的苗木成捆放入清水中浸泡一昼夜，使其充分吸收水分（图 2-24）。然后将苗木进行适当修剪，剪去枯桩，保留 2~3 个芽。剪截过长的根系，保留 15~20 cm 即可（图 2-25）。

苗木修剪后，要进行消毒处理，可以将枝蔓部分浸泡在 5 波美度石硫合剂溶液中消毒 3~5 min，捞出晾干后，根部再蘸泥浆进行栽植。中国农业科学院植物保护研究所葡萄病虫害研究中心采用如下方法对葡萄苗木进行消毒，效果较好，值得借鉴。即先将苗木浸入 43~45 ℃的温水中 2 h，然后放入硫酸铜和敌敌畏配合的溶液中（100 kg 水中加入 1 kg 硫酸铜，再加入 80% 敌敌畏乳油 150 mL，搅拌均匀）浸泡 15 min，苗木取出后晾干进行栽植。

（3）注意事项 苗木处理后要立即栽植，若不能很快栽完，可以用湿麻袋或草帘遮盖，防止其失水干燥，影响成活率。在运输时，也应注意保湿，避免日晒和风干。

图 2-24　浸泡苗木（刘淑芳供图）

图 2-25　修剪根系（刘淑芳供图）

5. 提前催苗

葡萄园栽植一年生葡萄苗木，往往导致建园不整齐，而且对于生长期较长的品种，4 月份栽苗，会使秋冬季枝条不能充分成熟，影响生产。因此，选择好品种和苗木后，可以采用提前催苗技术，选择好苗进行移栽。

（1）优点　一是选择萌发较整齐的苗木移栽，去除劣质苗，有利于建园的整齐度；二是苗木带土坨定植，没有缓苗期，定植后苗木即可以生长；三是由于提早定植在保护地内，苗木萌发早，苗木的生长期延长，有利于秋季枝条的成熟。

（2）操作方法　北方地区于 2 月下旬或 3 月上旬，在温室内，将配好的营养土装入无底的塑料袋内，土装入一半时，放入苗木，继续填土至离袋口 5 cm 左右处停止，栽苗时注意提苗，并将土压实（图 2-26）。如果没有保护设施，也可以在露地操作，然后在其上搭设小拱棚即可（图 2-27）。定植后浇 1 次透水。

图 2-26　温室内催苗

图 2-27　小拱棚内催苗

新梢生长期，每隔半月左右追1次氮肥，并视土壤干湿情况适时灌水。当新梢长到5 cm左右时，按照预计的留蔓方式保留1~2个新梢，其余的新梢抹除（图2-28）。当新梢长至15~20 cm时，即5月上中旬左右，选择质量较好的苗木带土坨进行移栽（图2-29、图2-30）。移栽前7 d左右禁止灌水，以防土坨松散。

图2-28　选留健壮新梢

图2-29　苗木生长状态

图2-30　带土坨移栽

八、怎样进行葡萄栽植?

1. 栽植时期

栽植时期分为秋冬季栽植和春季栽植两种。秋冬季栽植应尽可能早地安排在落叶后进行，最晚在土壤封冻前完成；春季栽植最晚在植株萌芽前完成。地域不同，栽植时期也不同。南方地区气候温暖，既可以春季栽植，也可以秋冬季栽植，如上海等地区，春季栽植多在2—3月初为宜；秋冬季栽植以11月中旬至12月中旬为宜，栽植后最好做好越冬保护，以防低温风干和禽兽动物为害。北方地区冬季寒冷，多采用春季栽植，一般在4—5月进行。

2. 栽植

葡萄的栽植行向，平地以南北走向为宜，利于通风；山坡地按等高线行向为宜。选用不同类型的苗木建园，栽植方法略有不同。这里以营养钵苗和带根苗为例，说明其具体栽植方法。

图 2-31　确定栽植穴

1）营养钵苗木的栽植

利用营养钵苗木建园是目前应用较广的一种方法，它可以保证园地苗全、苗齐、苗壮。具体栽植步骤如下。

（1）确定栽植穴位置　先在栽植沟两端各固定1~2个木桩（如单行栽植，两侧各固定1个木桩，双行栽植，则按照确定的小行距各固定2个木桩），然后拉一条直线，线两端分别缠绕在木桩上。沿已拉好的线，再按照确定的株距标记栽植穴的位置（图2-31）。

（2）挖栽植穴　在已标记好的位置上用专用打孔器挖栽植穴，然后去掉打孔器内的土壤即可（图2-32至图2-35）。

（3）栽植　打好孔后，选好营养钵苗，去掉营养钵，将苗木轻轻放入栽植穴中，填土、压实。注意操作中不要让

图 2-32　专用打孔器

图 2-33　打孔

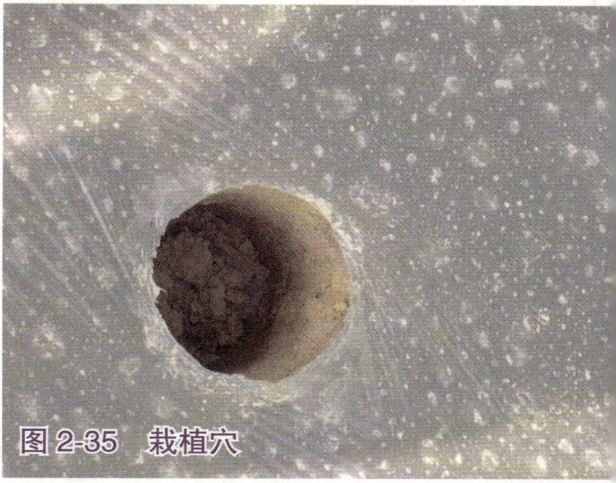

图 2-35　栽植穴

图 2-34　去掉孔内土

图 2-36　营养钵苗

图 2-37　填土压实

图 2-38　栽植的营养钵苗

图 2-39　木棍定点

土坨散开（图 2-36 至图 2-38）。

（4）栽植后管理　栽植后要立即灌水。如叶片上有土等杂物，要用喷雾器洗苗。阳光过强时注意遮阳，防止叶片被灼伤。栽植后 10~15 d，调查苗木的成活率，并及时进行补苗。

2）带根苗木的栽植

有条件地区建议采用提前催苗技术，当新梢长度达到 15~20 cm 时带土坨进行移栽。如果受条件所限，只能采用一年生苗建园，其栽植步骤如下。

（1）确定栽植穴位置　确定方法同营养钵苗木栽植，确定好栽植穴后用石灰定点，栽植数量较少时也可以用木棍定点（图 2-39）。

（2）挖栽植穴 按照栽植点挖 30~40 cm 见方的栽植穴（图 2-40、图 2-41），穴内拌入腐熟的有机肥和氮磷化肥，以利于根系生长。

（3）栽苗 将苗木放入栽植穴中，与前后、左右的苗木或标定点对直对齐，并使根系自然充分舒展，不要圈根，然后填土，并轻微提动苗木，填土至穴满，压实土壤即可（图 2-42、图 2-43）。嫁接苗要保证嫁接口高于地面 10 cm，扦插

图 2-40 挖栽植穴

图 2-41 挖好的栽植穴

图 2-42 栽植带根苗

图 2-43 压实土壤

苗根颈部与栽植沟面平齐为宜。

（4）栽植后管理　栽植后灌 1 次透水。为提高苗木成活率，使当年苗木生长迅速、健壮，水渗后可以覆盖地膜，并将苗茎全部用疏松湿润的土壤覆盖，培土高度以超过最上端芽眼 2 cm 为宜。待新梢长度大于 20 cm 时撤掉土堆，露出砧段。

（5）注意事项　北方埋土防寒地区，苗木不要垂直栽植，要使枝蔓向一侧倾斜 30°~45° 栽于栽植穴内，方便下架防寒。

九、葡萄栽植当年如何进行管理？

当年栽植苗木，要实现第二年丰产，必须在栽植当年对根系加强管理来增加植株生长量；加强枝蔓管理，尤其是通过夏季修剪和病虫害防治来促进植株健壮生长。主要管理内容如下。

1. 补苗

无论是定植营养袋苗还是带根苗木，发现死亡的苗木要及时进行补苗。补苗可以用营养袋苗，也可以在第二年春季利用一年生苗进行补苗。

2. 抹芽定梢

苗木萌芽后，要及时抹除嫁接苗砧木上的萌蘖，以免影响接穗芽眼萌发和新梢生长。保留 2 个靠近苗木基部已经萌发的壮芽，但不留双芽。当第一个新梢普遍长到 20~30 cm，少数壮苗达到 40~50 cm 时，按整形要求选出主蔓加速培养。单蔓整形时疏除较弱的新梢，每个苗只保留一个新梢（图 2-44）。双蔓整形时两个新梢均保留（图 2-45）。

3. 新梢绑缚、除卷须

定梢后，要对新梢进行固定，以防被风吹折。方法如下：在苗木周围设立竹竿作为支架，将新梢绑缚于竹竿上（图 2-46），或在苗木周边插个小木桩，其上系好渔线，使新梢缠绕在线上（图 2-47）。当苗木新梢长至 10~12 片叶时，即可以进行绑缚，并且随生长随绑缚，以防被风吹折。生长季中随时去除卷须。

4. 主梢摘心与副梢处理

（1）目的　为保证枝蔓的生长粗度和成熟度，使主蔓的各个部位均能形成充实饱满的冬芽，生长季要对新梢进行多次摘心，并及时、正确处理副梢。

图 2-44　保留单梢

图 2-45　保留双梢

图 2-46　立竹竿作支架

图 2-47　新梢用渔线引缚

（2）副梢处理　随着苗木新梢的生长，随时抹除距地表 30 cm 以下叶腋中的副梢。距地表 30 cm 以上叶腋中的副梢，每次留 1 片叶反复摘心（图 2-48）。生长期较长的地区，也可以在距地表 50 cm 以上选留副梢作为第二年的结果母枝，对这类副梢保留 7~8 片叶摘心，并严格控制其上的多级次副梢，以促进副梢的增粗和花芽分化。

图 2-48　副梢留 1 叶摘心

图 2-49　主梢摘心

（3）主梢摘心　北方地区，当主梢长度达到 100~140 cm 时，对主梢进行第一次摘心，最迟不晚于 7 月上中旬（图 2-49）。然后只保留先端一个副梢延长生长。根据副梢的梢头"长相"确定副梢摘心的时间及方法，可以参考表 2-10。

表 2-10　副梢摘心的时间及方法

副梢梢头长相	副梢摘心时间及方法
梢头弯曲生长且角度大于 60°	当顶端副梢长至 50~70 cm 时，对其进行摘心。摘心后保留顶端第一个二次副梢延长生长，其他二次副梢每次留 1~2 片叶反复摘心。对二次副梢延长梢再留 3~6 片叶进行摘心，若长势强则适当多留叶，长势弱则适当少留叶
梢头不弯曲或弯曲角度小于 30°	对顶端延长的一次副梢保留 2~4 片叶反复摘心

5. 土肥水管理

土肥水管理是早期丰产栽培的关键。

（1）水分管理　刚栽植的幼苗注意保持土壤湿润，土壤干旱时，要及时灌水（图 2-50）。雨季应及时排水，避免积水造成涝害。

（2）施肥　当新梢长至 30~35 cm 时，在距苗木 30 cm 左右处开环状沟，

图 2-50　生长期浇水

图 2-51　松土

然后每亩施入尿素 15~20 kg，施肥后浇水，待土壤略干后及时松土（图 2-51）。定植当年的苗木施肥时要勤施少施，一般每 20~30 d 追施 1 次。前期以氮肥为主，以促进苗木迅速生长；后期以磷钾肥为主，以利于花芽形成和促进枝条成熟，一年追施 3~4 次即可。

（3）注意事项　为避免降低地温，影响幼苗根系生长，早春灌水量不宜过大，以湿透干土层为宜；生长后期施肥时，开沟的位置要适当外移，肥料的用量可以根据苗木生长势酌情增减。

6. 去老叶

北方地区在 8 月上中旬，南方地区在 8 月下旬以后，要及时摘除植株上新发出来的嫩梢、嫩叶，同时去除植株下部黄化衰老的叶片（图 2-52、图 2-53），以改善通风透光条件，减少营养的消耗和病虫害发生。

7. 病虫害防治

苗木定植当年的虫害主要有绿盲蝽、金龟子等，要注意对其进行防治。病害主要是叶片病害。环境条件不同，发生的病害也不同。高温、降雨频繁时易得霜霉病，高温、高湿、不降雨时易得白粉病，低温且降雨频繁时易得黑痘病。对发病的葡萄园，要及时喷药治愈，避免出现早期落叶现象，否则葡萄很难越冬。

图 2-52　植株黄化叶

图 2-53　去黄化叶后状态

8. 冬季修剪与埋土防寒

1）冬季修剪

（1）时间　北方葡萄冬季埋土防寒地区，冬剪要在早霜来临后，葡萄叶片干枯脱落、表层土壤没有结冰前进行。长城以北在 10 月上中旬，长城以南在 10 月下旬至 11 月上中旬。不埋土地区冬剪一般在 1 月中旬至 2 月中旬进行。

（2）方法　定植后第一年冬剪的剪截位置和植株的架式、生长势、管理水平、树形等息息相关。如为龙干形整形，冬剪剪留长度为 1~1.5 m。植株生长势强，剪留长度可以到 1.5 m 处（图 2-54），但不要超过 2 m；生长势中庸的植株，剪留长度在 1~1.2 m（图 2-55）；生长势弱的植株，一般剪截到枝梢成熟和不成熟交界处。

对于主梢上发出的副梢粗度在 0.5 cm 时，可以留 1~2 芽短截，作为下年的结果母枝。

2）清园

修剪后，清除枯枝落叶、杂草，带出园外或集中处理。

3）下架防寒

（1）下架　为防止将枝蔓压倒时断裂，下架时将枝蔓基部垫上枕土（图 2-56），然后将枝蔓压倒、捆好，一株挨一株顺放在地面。

（2）防寒　北方地区冬季严寒，要进行适时防寒。防寒方法：一是下架后

图 2-54　强旺枝剪留 1.5m

图 2-55　中庸枝剪留 1~1.2m

浇足防寒水；二是埋土防寒。近年来辽宁省熊岳地区采用两层草苫加一层无纺布，在无纺布上覆盖适量土进行防寒（图 2-57），效果较好，值得推广。

图 2-56　垫枕土

图 2-57　防寒（两层草苫加无纺布）

第三章
Chapter 3

葡萄树体结构与整形修剪

一、葡萄枝蔓是如何构成的?

葡萄具有攀缘生长的特性，其枝干通常称为枝蔓，它是葡萄植株地上部的主要器官，其构成部分见表 3-1。

表 3-1　葡萄枝蔓的构成

枝蔓构成	含义
主干	是从地面发出的单一树干（图 3-1）
主蔓	是主干上的一级分枝（图 3-1）
侧蔓	是主蔓上着生的多年生枝
结果枝组	是主蔓上分生出来的二年以上枝龄的生长结果单位（图 3-2）
结果母枝	是当年成熟的新梢在冬剪后留下的一年生枝（图 3-2）
新梢	是从结果母枝上抽生的带有叶片的当年生枝。着生果穗的新梢称为结果新梢（图 3-3），不具果穗的新梢称为营养新梢（图 3-4）
副梢	是由夏芽或冬芽萌发形成的当年生新梢（图 3-5）

图 3-1　葡萄主干和主蔓

图 3-2　葡萄结果枝组和结果母枝

图 3-3　葡萄的结果新梢　图 3-4　葡萄的营养新梢

二、生产中葡萄常用的树形有哪些?

葡萄的树形和冬季是否需要埋土防寒及架式息息相关。冬季埋土防寒地区，篱架树形主要有多主蔓扇形和水平形，棚架树形主要有龙干形。葡萄常用树形及其结构特点见表 3-2。

三、葡萄整形修剪的原则有哪些?

葡萄整形修剪，可以使植株具有牢固的骨架、科学的结构、丰满的枝组和发育良好的结果母枝，同时能充分利用架面空间和光能，调节生长和结果的关系，从而达到丰产优质的目的。葡萄整形修剪时应遵循的原则见表 3-3。

表 3-2　葡萄常用树形及其结构特点

架式	树形	树形结构特点
篱架	多主蔓扇形	分为无主干多主蔓自然扇形和规则扇形两种。无主干多主蔓自然扇形没有明显的主干，每株有主蔓3~5个（单篱架）或7~8个（双篱架）。主蔓上不规则地配置1~3个侧蔓，每个侧蔓上配置2~3个结果母枝。主、侧蔓的中下部留少量预备枝。各种枝蔓呈扇形均匀分布于架面上 无主干多主蔓规则扇形每株有主蔓3~5个，不留侧蔓；每个主蔓上直接配置1~3个由长、短梢组成的结果枝组，每个枝组中选留1~2个结果母枝和1个预备枝；主蔓呈扇形排列在架面上，结果枝组按一定距离规则地排列在主蔓上
	水平形	分为单臂、双臂、单层、双层、多层等多种形式。生产中应用较广泛的有单层单臂水平形（“厂”字形）（图 3-6）和单层双臂水平形（图 3-7） 单层单臂水平形（“厂”字形）主蔓距地面 80~90 cm，沿行向水平延伸，主干上直接配备结果母枝或包含更新预备枝的结果枝组，每米主蔓配置约 10 个新梢，均匀分布在主蔓两侧 单层双臂水平形的植株具有 0.6~1.5 m 高的主干，在主干顶部分生 2 个主蔓，朝相反方向沿铁丝水平延伸。主蔓上直接着生结果枝组，结果枝组上着生结果母枝，母枝上分生新梢
棚架	龙干形	包括独龙干（图 3-8）、双龙干（图 3-9）和多龙干，各龙干间的距离为 50~70 cm。树形结构是：从地面直接选留主蔓，主蔓的背上或两侧每隔 25~30 cm 着生 1 个结果枝组，每个结果枝组着生 1~3 个短结果母枝，呈龙爪状

图 3-5　葡萄的夏芽副梢

图 3-6　“厂”字形整形的葡萄

图 3-7　单层双臂水平形整形的葡萄

图 3-8　独龙干整形的葡萄

图 3-9　双龙干整形的葡萄

表 3-3　葡萄整形修剪的原则

原则	具体要求
考虑品种特性	生长势强的品种，适当稀植并选择较大的树形；生长势较弱的品种适当密植并选择较小的树形。结果母枝基部芽眼不易形成花芽或形成花芽质量差的品种，采用中、长梢修剪；结果母枝基部芽眼易形成花芽的品种，采用短梢或极短梢修剪
考虑立地条件	冬季无须埋土防寒、夏季高温高湿、病虫害严重的地区，采用有较高主干的整形方式；冬季需埋土防寒地区，篱架栽培植株宜采用矮主干或无主干多主蔓的整形方式
考虑栽培管理水平	管理水平较高的园地，可以采用负载量较大的架式和较大树形及株行距的整形方式；反之则应选择负载量较小的架式和较小树形及株行距的整形方式
考虑规范整形	应采用较规范化的整形方式，使植株的主要骨架和结果枝组构成（包括其数量、配置方式和部位）都有一定的规范。对机械作业较多的大型葡萄园，采用的株形及架式应均能适应机械化管理的要求

四、多主蔓扇形如何进行整形修剪？

1. 无主干多主蔓自然扇形整形修剪

一般在 3~4 年内完成整形，具体整形修剪过程见表 3-4。

2. 无主干多主蔓规则扇形整形修剪

具体整形修剪过程见表 3-5。

表 3-4　无主干多主蔓自然扇形整形修剪过程

时期	整形修剪方法
第一年	春季：定植时留 3~5 个芽剪截。萌芽后选留 3~4 个健壮新梢作主蔓，其余全部去除 夏季：新梢长到 80 cm 时摘心，顶端发出的第一副梢留 3~5 片叶反复摘心，其余副梢留 1 片叶反复摘心 冬季：冬剪时，壮枝留 50~80 cm 短截，成为主蔓；弱枝留 30 cm 短截，下一年继续培养主蔓

续表 3-4

时期	整形修剪方法
第二年	春季：每一主蔓上选留顶端一个粗壮的新梢作为主蔓延长枝，选留 1~2 个侧生新梢作为侧蔓 夏季：延长梢达 70 cm 时摘心，侧蔓新梢留 40 cm 摘心，以后可以参照第一年的方法摘心 冬季：冬剪时主蔓延长蔓留 50 cm 短截。生长势强的侧蔓留 4~6 个芽短截，生长势弱的侧蔓留 2~3 个芽短截，以便下一年培养结果枝组
第三年	春季：每一侧蔓上抽生的新梢中，选留 2~3 个新梢作为未来的结果母枝，结果母枝相距 10~15 cm 夏季：新梢达 70 cm 时摘心 冬季：冬剪时主蔓延长蔓留 50 cm 短截，侧蔓留 2~6 个芽短截，根据品种和树势的不同，结果母枝留 2~5 个芽短截
第四年	当主蔓高度达到第 3 道铁丝并且有 3~4 个枝组时，整形基本完成。以后主、侧蔓延长枝可以按结果母枝长度剪截，并注意回缩更新，以保持株形大小和健壮生长。结果母枝根据长势，采取长、中、短梢修剪

表 3-5　无主干多主蔓规则扇形整形修剪过程

时期	整形修剪方法
第一年	春季：定植时留 3~5 个芽剪截。萌芽后选留 3~4 个健壮新梢作主蔓，其余全部去除 夏季：新梢长到 80 cm 时摘心，顶端发出的第一副梢留 3~5 片叶反复摘心，其余副梢留 1 片叶反复摘心 冬季：冬剪时，壮枝留 50~80 cm 短截，成为主蔓。弱枝留 30 cm 短截，下一年继续培养主蔓
第二年	春季：从每一主蔓上抽生的新梢中，选留顶端一个健壮新梢作为主蔓的延长枝，选留 1~2 个侧生新梢用来培养枝组 夏季：延长枝达 70~80 cm 时摘心，侧生新梢留 40~60 cm 摘心，副梢可以参照第一年的方法处理 冬季：冬剪时延长蔓留 50 cm 短截，其余侧枝留 2~3 个芽短截，以便下一年培养结果枝组
第三年	春季：每一侧枝选留 2 个新梢培养成枝组 夏季：新梢达 70 cm 时及时摘心 冬季：冬剪时主蔓延长梢留 50 cm 短截；枝组内上位枝，根据枝条强弱、植株负载量等留 5~8 芽短截作为结果母枝，下位枝留 2~3 芽短截作为预备枝，形成一长一短的结果枝组
第四年	结果母枝上发出的新梢作结果枝用，结完果后，从结果母枝的基部剪去。预备枝上发出的新梢，留 2 个作营养枝，冬剪时将 2 个枝条按一长（上方）一短（下方）修剪，形成新的结果枝组。每个主蔓高度达到第 3 道铁丝并且有 3 个枝组时，整形基本完成

五、水平形如何进行整形修剪？

1. 单层单臂水平形（“厂”字形）整形修剪

单层单臂水平形（“厂”字形）整形修剪过程，见表 3-6。

表 3-6　“厂”字形整形修剪过程

时期	整形修剪方法
第一年	定植当年留 1 个新梢作主蔓培养，与地面呈 30°~45° 夹角引缚使其生长，新梢叶腋内所发副梢全部留 1~2 叶摘心，主蔓长达 100~120 cm 时摘心，然后从摘心口处选留第一个副梢呈 40~45° 角向上引缚，其余副梢留 1~2 叶摘心。选留的第一个副梢生长 6~8 叶时进行摘心，从摘心处下方再选留第一个副梢倾斜引缚，留 6~8 叶摘心，其余副梢留 1~2 叶摘心。8 月中下旬对所有副梢摘心。冬剪留 1.5 m 左右，将其水平绑缚于第一道铁丝。如果株距小于 1.5 m，当年即可以成形
第二年	抹芽、定枝时，主蔓上每米留 6~7 个结果新梢，间距 15 cm，其余新梢全部抹除。冬剪时留 2~3 芽短截成为结果母枝，过密枝从基部疏除。对主蔓延长梢视株间空间大小进行剪留
第三年	对水平蔓上的结果母枝，通过抹芽、定枝仍保留每 15 cm 留 1 个新梢的密度。结果母枝发芽后，选留 2 个新梢分别作为结果枝和预备枝培养结果枝组，冬剪时分别留 2~3 个芽和 4~6 个芽剪截。以后每年对结果枝组进行更新修剪

2. 单层双臂水平形整形修剪

单层双臂水平形整形修剪过程见表 3-7。

六、龙干形如何进行整形修剪？

以独龙干形为例，具体整形修剪过程见表 3-8。

表 3-7　单层双臂水平形整形修剪过程

时期	整形修剪方法
第一年	苗木定植后，选留 1 个强壮新梢作主干培养，当主干达到预定高度后摘心，然后选留前端 2 个较强壮副梢作为主蔓培养，为加强其生长势，注意要直立向上引缚。冬季修剪时，在主蔓直径约 1 cm 的成熟节位处剪截
第二年	葡萄萌芽前，将去年选留的 2 个主蔓沿铁丝向相反方向水平引缚。萌芽后，在 2 个主蔓前端各选 1 个强壮新梢，进行直立引缚，作为主蔓延长梢，有花序的把花序疏除；其余新梢疏去过密、过弱梢，每 10~15 cm 保留 1 个结果新梢，每梢留 1 个花序结果。冬剪时，主蔓延长梢长剪，其余结果母枝留 2~3 芽短截
第三年	春季把主蔓延长梢沿铁丝水平引缚。主蔓长度不足时，仍需选留新的延长梢继续培养主蔓，主蔓上的其余新梢按 10~15 cm 间距选留结果新梢，向上引缚，使其结果。冬剪时，主蔓延长梢在预定长度处剪截，主蔓上新的结果母枝留 2~3 芽短截，老的结果母枝已构成结果枝组，将过密、过弱枝组疏除

表 3-8　独龙干形整形修剪过程

时期	整形修剪方法
第一年	定植后留 2~3 个芽进行剪截，萌芽后，选留一个生长健壮的新梢向上引缚培养为主蔓，其余抹除。夏季当新梢长至 1.5 m 左右时摘心，最晚不能晚于 8 月中下旬。对其上发出的副梢留 1~2 片叶反复摘心。冬剪时，一般剪留长度为 1.2~1.5 m，所有副梢全部去除。若主蔓粗度小于 0.8 cm，留 3~5 个芽平茬，翌年重新培养主蔓
第二年	春季发芽后选留顶端健壮新梢作为主蔓的延长梢，抹除龙干基部 30 cm 以下的芽，其上每隔 20~30 cm 留一个壮梢作结果枝。夏季主蔓的延长梢留 15~18 片叶摘心，营养枝和结果枝均留 8~12 片叶摘心。枝条顶端副梢留 3 片叶反复摘心，其余副梢留 1 片叶反复摘心。冬剪时主蔓每隔 20~30 cm 留一个结果母枝。主蔓延长梢剪留 12~15 个芽，其余结果母枝都留 2~3 个芽短截
第三年	在主蔓延长梢上继续选留结果新梢，方法同第二年。春季在上一年培养的结果母枝上，各选留 2~3 个好的结果枝或营养枝培养枝组。夏季留 8~12 片叶摘心并及时处理副梢。冬季修剪时可以参考上年修剪方法继续培养主蔓和结果枝组
第四年	第四年及以后各年的冬季，将龙蔓逐渐回缩，由下面的一年生枝作延长枝，以促进下部芽的萌发，防止基部光秃

七、成龄园扇形树形如何改造为“厂”字形树形?

采用扇形整形的成龄葡萄园，由于下架埋土防寒工作量大，且操作过程中枝蔓损伤较为严重，可以进行树形改造，将其改造为“厂”字形树形，即倾斜主干 80~90 cm、水平主蔓、“V”形叶幕。

方法是：在扇形树形原有的主蔓中选择一个生长健壮的蔓向行内呈 40°~45° 牵引，高于第一道钢丝 80~90 cm 的部分绑缚到第一道钢丝上作主蔓；从主蔓最前端选择一个生长健壮，方向、位置均适宜的新梢（去除其上的果穗）向上引缚，培养其成为主蔓延长蔓；第二年春季出土后将选留的主蔓延长蔓引绑到第一道钢丝作主蔓，去除主蔓下部其他的枝蔓。

第四章
Chapter 4

葡萄对营养元素的需求与科学施肥

一、葡萄对营养元素需求的特点是什么？

葡萄植株生长旺盛，结果量大，需肥量大，是喜肥水果树。葡萄生长发育所需的营养元素有 16 种，分别是碳、氢、氧、氮、磷、钾等大量元素，钙、镁、硫等中量元素和硼、锌、铁、锰、铜、钼、氯等微量元素，其中对氮、磷、钾、钙、镁的需求量较大。葡萄在生长发育的不同阶段，对养分种类及数量的吸收比例参见图 4-1。

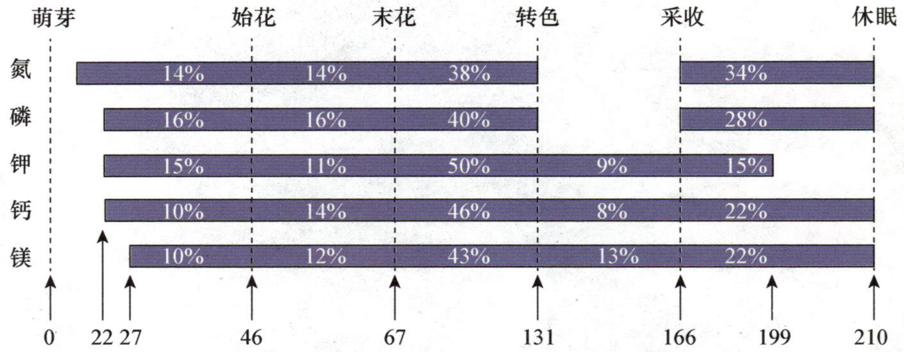

图 4-1　葡萄不同物候期对养分种类及数量的吸收比例
（引自王忠跃《葡萄健康栽培与病虫害防治》）（下边数字指萌芽后的天数）

从图 4-1 可以看出，葡萄从萌芽后不久即开始吸收营养元素，吸收量较大的为氮、磷、钾；随着开花，对氮、磷的吸收量比较稳定，对钾的吸收量略有下降，对钙、镁的吸收量逐渐增加；第一个吸收高峰是末花期至转色期，为全年中吸收量最大的时期，其中吸收最多的为钾，吸收的营养主要用于当年枝叶生长、果实发育及形态建成；第二个吸收高峰是采收期至休眠前，吸收的营养主要用于贮藏养分的生成和积累。

二、葡萄生长发育与营养元素有什么关系？

葡萄为多年生植物，在同一地块连年生长会吸收、消耗土壤中的养分，因此土壤中营养元素含量、状况的变化会直接影响葡萄的生长、结果。整体营养元素的不足、过量或某种（些）营养元素的缺乏或过量不仅会对葡萄的树势、产量、果实品质产生影响，还会影响葡萄对病虫害的抵抗能力，应引起充分重视。不同营养元素与葡萄生长发育的关系见表 4-1。

表 4-1　不同营养元素与葡萄生长发育的关系

营养元素	与葡萄生长发育的关系
氮	氮是葡萄生长发育中最基本的营养元素，是原生质和酶的必要成分，是有机含氮物的主要成分。氮能提高叶片叶绿素含量，使植株保持较大的同化面积，制造更多的有机物质。氮也能调节葡萄的生长结果
磷	磷大量存在于葡萄的花粉、子房、种子等繁殖器官中，参与生物基本代谢与合成，在能量代谢及遗传方面起重要作用，并参与光合、呼吸和营养物质的运输
钾	钾主要存在于幼嫩组织中，正在快速生长的葡萄新梢和幼果中含钾最多。钾在碳水化合物的合成、转运、转化中有直接作用，对葡萄果实的含糖量、风味、成熟度、贮运性和根系、枝条的增粗及枝蔓成熟等方面有积极作用
钙	钙是细胞壁中胶层的组成成分。钙参与调节水合作用，是一些酶的激活剂。缺钙会影响葡萄的贮藏性
镁	镁是叶绿素和某些酶的重要组成成分，它可以促进葡萄植株体内磷的转化，促进种子脂肪的积累。此外，镁还参与调控蛋白质的合成
硼	硼能调控碳水化合物合成和细胞分裂；能促进花粉管的萌发和生长，有利于授粉受精和坐果；能促进芳香物质的形成，提高含糖量，改善葡萄果实品质；还能促进新梢和花序的生长，使新梢成熟良好
锌	锌是多种酶的组成成分，参与呼吸作用、蛋白质和核酸代谢，并影响叶绿素和生长素的合成，对植物生长点生长发育具有调控作用
铁	铁是植物许多蛋白和酶的组成成分，也是植物叶绿素的重要组成物质。铁还参与葡萄的光合作用、呼吸作用及一系列代谢活动

三、营养元素的吸收利用形态及移动性如何？

土壤中的养分多数以溶解态、可交换态和非交换态 3 种形态存在。溶解态是以离子形式溶解于土壤溶液中，可交换态是以离子形式与土壤反应固定在土壤可交换的复合体上，非交换态是元素作为土壤微粒的分子组成部分，或被这些土壤微粒牢固地结合在一起。土壤中只有溶解态的养分才能被植物吸收利用。葡萄对各种营养元素的吸收利用形态及各营养元素的移动性见表 4-2。

表 4-2　葡萄对各种营养元素的吸收利用形态及各营养元素的移动性

元素	吸收形态	移动性	
		土壤中	植物中
氮	NO_3^-、NH_4^+	中—高	高
磷	$H_2PO_4^-$、HPO_4^{2-}	低	高
钾	K^+	低—中	高
钙	Ca^{2+}	低	低
镁	Mg^{2+}	低	高
硫	SO_4^{2-}	中	低—中
硼	$B(OH)_3^-$、$H_2BO_3^-$	高	低—中
铜	Cu^{2+}	低	低
铁	Fe^{2+}	低	低
锰	Mn^{2+}	低	低
钼	MoO_4^{2-}	低—中	低—中
锌	Zn^{2+}	低	低
氯	Cl^-	高	高

注：引自王忠跃《葡萄健康栽培与病虫害防治》

从表 4-2 可以看出，不同营养元素在土壤中的移动性不同。其中氮、硼、氯在土壤中的移动性较高，而其他元素的移动性较差，因此施肥时要将其施入根系集中分布区。

营养元素在植物体内再利用程度也因种类而异。一般氮、磷、钾、镁及氯在植物体内的运转能力较强，如果葡萄生长发育过程中出现这些营养元素缺乏时，可较快地由老器官向幼嫩器官转移，表现为老叶中缺素。钙、铜、铁、锰、锌的运转能力差，而硫、硼、钼的运转能力介于中间，如果生长发育过程中出现以上营养元素缺乏，则表现为幼嫩器官缺素。

图 4-2　叶片缺氮症状（引自王忠跃《中国葡萄病虫害与综合防控技术》）

图 4-3　叶片缺钾症状（引自王忠跃《葡萄健康栽培与病虫害防治》）

四、葡萄常见的缺素症及其预防措施有哪些?

葡萄的缺素症较大田作物更常见，原因是葡萄为多年生植物，其根系长期生长于同一个土壤空间，并从中吸收营养，容易造成局部根域的养分亏缺，尤其是对于难移动的养分的吸收更为困难。生产中葡萄常见的缺素症状及预防措施见表 4-3。

表 4-3　葡萄缺素症状及预防措施

名称	缺素症状	预防措施
缺氮	叶片黄绿色，叶片变小、变薄，新梢生长缓慢，枝条节间短；叶柄和穗轴呈粉红或红色；一般出现缺氮症老叶早于幼叶（图 4-2）	一般在萌芽期、末花期后、果实采收后 3 个时期补充氮肥，每亩可施尿素 30~40 kg；也可在出现缺氮症状后，叶面喷施 0.3% 的尿素
缺磷	叶小，叶片向上卷曲，叶色暗绿至暗紫色，无光泽；叶柄及叶片下表面呈红色或紫红色；从老叶开始，叶缘先变为金黄色，后变成淡褐色，继而叶片失绿、坏死；花序小、果粒少、果实成熟期推迟	在增施有机肥的基础上，一般在花期前后和果实采收后施入磷肥，每亩施过磷酸钙 10~15 kg
缺钾	枝条中部叶片扭曲，后叶缘和叶脉间失绿变干，由边缘向中间焦枯，叶脆易落；果实小，着色不良，成熟前易落果（图 4-3）	在增施有机肥基础上，在花期前后和果实采收后施入钾肥，每亩可施 20 kg 硫酸钾

续表 4-3

名称	缺素症状	预防措施
缺钙	新梢上嫩叶形成褪绿斑，叶尖及叶缘下卷，后褪绿斑变褐，最后枯死；浆果硬度降低，影响贮藏性；酸性土壤易发生缺钙	增施有机肥；调节土壤 pH；控制钾肥施入量，调节钾 / 钙比为 1.2~1.5；缺钙严重园地，葡萄生长前期、幼果膨大期、采前 1 个月，叶面喷施钙肥，并注意少量多次喷布
缺镁	老叶叶脉间黄化、失绿，叶片中部失绿症状重于叶片边缘，近主脉处叶组织深绿色；症状加重时，失绿黄化部分变褐坏死（图 4-4）	长期缺镁，可施用镁肥，如中性及碱性土壤施用 15~20 kg/ 亩硫酸镁，酸性土壤施用 80~120 kg/ 亩白云石；短期缺镁时，可在谢花后喷布 0.2% 硫酸镁水溶液，每两周 1 次，连喷 2~3 次
缺硼	植株矮小、枝蔓节间变短，肿胀并形成结，出现纵裂；叶片明显变小，发脆、皱缩、向外弯曲，叶缘出现失绿黄斑；开花时花冠不脱落或落花严重；果实内中间变褐（图 4-5、图 4-6）	一是在施基肥时加入适量硼砂，每亩施入 500 g；二是在开花前 1 周叶面喷施 0.3%~0.5% 硼砂或者硼酸溶液，果实第一次膨大期再喷 1 次含硼的叶面肥
缺锌	植株新梢顶部叶片狭小，枝条纤细、节间短；果穗上有大量的无籽小果（图 4-7）	一是增施有机肥；二是在盛花前 2 周到坐果期叶面喷施 0.1%~0.3% 的硫酸锌溶液
缺铁	幼叶仅叶脉保持绿色，其他部分失绿黄化或白化，老叶仍为绿色；严重时花序黄化、花蕾脱落、坐果率低	一是改良土壤，防止土壤盐碱化和黏重；二是出现缺铁症状后叶面喷施 0.2% 的硫酸亚铁溶液或螯合铁 2 000 倍液

图 4-4　叶片缺镁症状

图 4-5　叶片缺硼症状

图 4-6　果实缺硼症状
——花冠不落

图 4-7　果实缺锌症状（引自王忠跃《中国葡萄病虫害与综合防控技术》）

五、葡萄园常用的有机肥种类及其特点如何？

葡萄园常用的有机肥有粪尿肥、堆沤肥、绿肥、土杂肥、饼肥、沼气肥等。其种类和特性见表 4-4。

表 4-4　葡萄园常用的有机肥种类及特性

有机肥种类		特点
粪尿肥	猪粪尿	猪粪（图 4-8）质地较细，氮、磷、钾含量高于牛粪和马粪，钙、镁含量及微量元素低于其他粪肥；猪粪尿含有较多的氨化微生物，易腐熟，并形成大量的腐殖质和蜡质，氮、磷、钾的有效性较多，利于葡萄吸收利用
	牛粪尿	牛粪（图 4-9）质地细密，有机质和养分含量在各种主要家畜粪肥中最低，尤其氮素偏低，碳氮比大；牛粪分解腐熟慢，为发热最小的冷性有机肥料；牛粪可疏松土壤，对改良土壤有较好作用
	羊粪	羊粪（图 4-10）细密干燥，肥分浓厚，在家畜粪中养分最高，有机质、氮、磷、钙、镁含量高于猪、牛、马粪；发热量比牛粪大；氮的形态为尿素态，易于分解吸收

续表 4-4

有机肥种类		特点
粪尿肥	鸡粪	鸡粪（图 4-11）肥分肥厚，含有较多微量元素，养分高于其他家畜粪肥；由于鸡粪中氮为尿素态氮，随水分增加，损失较多，宜干燥保存，并可加入适量过磷酸钙起保氮作用；鸡粪使用前必须沤制，否则易招地下害虫，且不利于氮吸收利用
堆沤肥	厩肥	为牲畜粪尿与各种垫圈物料混合堆沤后的肥料，北方称“圈肥”，数量较大，是有机肥中提供养分最多的肥源
	堆肥	堆肥是用作物秸秆、落叶、杂草、绿肥、泥土、垃圾、生活污水及人畜粪尿等各种有机物与适量草木灰混合堆积腐熟而成，来源广泛、堆制方法简单、肥效好、养分齐全、肥效较为持久，长期施用可改良土壤
	沤肥	沤肥是用作物秸秆、绿肥、树叶、青草、牲畜粪尿等就地混合后加水沤制而成的，肥质松软，有臭味，肥料质量较高，其粗有机物、全氮、全磷的含量高于普通堆肥
绿肥		绿肥是以植物的绿色部分耕翻入土当作肥料。绿肥含有丰富的有机质，翻压入土后可提高土壤有机质含量；豆科绿肥根上有根瘤菌，可以固氮；绿肥可防止水土流失，减少土壤水分蒸发，防止杂草丛生
饼肥		饼肥是油料作物的种子榨油后余下的残渣，富含有机质、氮、磷、钾与中微量元素；其中，钾可直接被吸收利用，氮、磷不能直接被吸收利用。饼肥碳氮比小，易分解，肥效易发挥。饼肥一般与堆肥或多种厩肥堆积发酵 3 d 左右施用，不宜直接施用
沼气肥		沼气肥是人畜粪便、有机废弃垃圾、农作物秸秆及不含杀菌物质的生活污水经沼气池密封厌氧发酵后的残留物，是由液态的沼液和固态的沼渣相混的新型有机肥，养分齐全，氮、磷、钾含量明显高于堆沤肥，肥效缓速兼备，有机质丰富，总养分含量高，作物利用率高

图 4-8 猪粪

图 4-9 牛粪

图 4-10 羊粪

图 4-11 鸡粪

六、葡萄园常用的化肥种类及其特点如何?

葡萄园常用的化肥有大量元素肥料和中、微量元素肥料。生产中常用的化肥种类、特点及其使用方法见表 4-5。

表 4-5 生产中常用的化肥种类、特点及其使用方法

化肥种类	特点及使用方法	
常用氮肥	尿素	含氮量最高，为 46%，易溶于水，为中性肥料；适用于各类土壤，作追肥和基肥均可，作根外追肥效果较好
	硫酸铵	含氮 20%~21%，易溶于水，为酸性肥料；适用于碱性土壤，最好作追肥
	碳酸氢铵	含氮 17%，易溶于水，为碱性肥料。常温下易分解引起氨的挥发，可作基肥或追肥。使用时要深施覆土，以免氨气挥发

续表 4-5

化肥种类	特点及使用方法	
常用氮肥	硝酸铵	含氮量 33%~35%，易溶于水，为中性肥料。适用于各类土壤，不宜作基肥和雨季追肥用，作旱地追肥效果较好
常用磷肥	过磷酸钙	含 $P_2O_5$12%~18%，可作基肥与追肥。施入土壤中，易被土壤固定，因此可采用集中分层施用或配合有机肥使用，减少与土壤的接触，以降低磷的固定，提高肥效
	钙镁磷肥	含 12%~18% 的低浓度磷，也能提供大量的钙、镁、硅。水溶液呈碱性，可改良酸性土壤。肥效缓慢，适合作基肥深施
常用钾肥	硫酸钾	为水溶性肥料，也是化学中性、生理酸性肥料。酸性土壤中施用时，注意与农家肥、碱性磷肥和石灰配合，以降低其酸性；碱性土壤中施用时，注意多施农家肥，以减轻土壤板结现象
	草木灰	主要成分为碳酸钾，含钾、钙、磷较为丰富，还含有硼、锰、铝等；适用于酸性或黏性土，作基肥和追肥均可。草木灰呈碱性，不宜与铵态氮肥混合施用，以免引起氨的挥发
常用氮磷钾复合肥	磷酸二氢钾	含 $P_2O_5$24%，K_2O27%，易溶于水，多用于根外追肥
	氮磷钾复合肥	氮、钾均为水溶性，有一部分磷为水溶性；作追肥和基肥均可
	磷酸二氢铵	以磷为主的氮磷复合肥，含氮 12%，$P_2O_5$60%；易溶于水，水溶液为中性，适合各类土壤。作基肥效果较好
	磷酸氢二铵	以磷为主的氮磷复合肥，含氮 21%，$P_2O_5$53%；呈碱性，易溶于水，水溶液为中性。宜作基肥施用
常用中量元素肥料	钙肥	主要有石灰、石膏、过磷酸钙、钙镁磷肥。石灰使用时先要测定土壤的酸碱度，按土壤酸碱性确定用法和用量，土壤酸性强，质地黏重，耕作层厚时石灰用量要多些。过磷酸钙和钙镁磷肥特点见本表格中常用磷肥介绍
	镁肥	主要有钙镁磷肥、硫酸镁、白云石、氧化镁等。可用作基肥、追肥或叶面喷施。中性及碱性土壤，宜选用生理酸性镁肥，如硫酸镁；酸性土壤，宜选用缓效性镁肥，如氧化镁、白云石等

续表 4-5

化肥种类		特点及使用方法
常用微肥	硼肥	主要有硼砂、硼酸、硼镁肥等。常用的为硼砂、硼酸，可土壤追施（每亩 0.5~0.7 kg）或叶面喷施（花前或花期喷施，浓度 0.1%~0.3%）
	锌肥	主要有硫酸锌、氧化锌、螯合态锌等。常用的为硫酸锌，可土壤追施（每亩 1~2 kg）或叶面喷施（盛花期后喷施，浓度 0.1%~0.4%）
	铁肥	主要有硫酸亚铁、硫酸亚铁铵、铁元素的螯合物等。常用的为硫酸亚铁，可土壤追施（每亩 5 kg）或叶面喷施（浓度 0.2%~0.3%）
	铜肥	主要有硫酸铜、氧化铜、螯合态铜等。常用的为硫酸铜，可土壤追施（每亩 0.8~1.5 kg）或叶面喷施（浓度 0.01%~0.05%）
	锰肥	主要有硫酸锰、碳酸锰、氧化锰等。常用的为硫酸锰，可土壤追施（每亩 1~2 kg）或叶面喷施（新梢生长至开花前喷施 2 次，浓度 0.05%~0.2%）
	钼肥	主要有钼酸铵、钼酸钠、三氧化钼等。常用的为钼酸铵，可土壤追施（每亩 50~150 g）或叶面喷施（新梢抽生前后喷施，浓度 0.01%~0.2%）

七、葡萄园常用的微生物菌肥种类及其功效如何？

微生物菌肥是指一类含有大量活的微生物的特殊肥料。它不是直接为作物提供所需的营养物质，而是通过微生物的生命活动促进作物得到所需的营养物质，使用效果优于普通有机肥和化肥。

（1）种类 目前生产中推广的微生物菌肥主要有根瘤菌肥料、固氮菌肥料、解磷解钾肥料、抗生菌肥料和真菌肥料等。

（2）功效 微生物菌肥的功效主要有以下几方面。

一是减少化肥用量，提高土壤肥力。微生物菌肥施入土壤后，可以大大提高土壤中的中微量元素含量，减少氮、磷、钾和其他中微量元素的施用量；同时多种高效活性的有益微生物菌，可以加速土壤有机质降解，使其转化为作物能吸收的营养物质，提高土壤肥力。

二是改良土壤，提高抗病虫能力。应用微生物菌肥，可改善土壤团粒结构，增强土壤的物理性能；使根系发达，吸收能力增强，提高葡萄免疫力和抵抗力；

抑制土壤中的真菌、线虫及植物根部病虫害，减少农药使用量。

三是促进葡萄生长发育，提高其抗逆力。应用微生物菌肥，可促进葡萄根系生长，开花整齐，保花保果，抗早春病害，防止早衰，抗旱、抗寒。

（3）使用注意事项

一是不能购买过期的微生物菌肥。微生物菌肥中含有大量的活性菌，必须在低温、通风、避光处保存才能使其保持活性。一般超过 2 年的微生物菌肥含有生物菌较少，不宜购买。

二是选择适宜的使用方法。微生物菌肥当基肥使用时，可以采用沟施、穴施，不建议冲施。液体微生物菌肥可以用来灌根。

三是要妥善保存。微生物菌肥使用时不能与防治真菌和细菌的农药，如多菌灵、恶毒灵等混合使用，也要避免阳光直射，以减少微生物死亡。

四是微生物菌肥要与有机肥配合使用。为避免微生物菌死亡，降低其肥效，施用微生物菌肥时，不能与氮、磷、钾等大量元素肥料一起使用，要与有机肥一起使用，这样既可以加快有机肥的腐熟速度，又可以促进菌群的形成，提高菌肥的肥效。

五是注意为生物菌提供良好的繁殖环境。一是不能在酸性土壤中直接施用；二是保持土壤中适量的水分；三是施用菌肥要配合改良土壤和中耕，以保持土壤疏松、透气。

八、葡萄园的施肥方法有哪些?

葡萄园施肥方法有土壤施肥、叶面喷肥、灌溉施肥等。

1. 土壤施肥

土壤施肥是一种传统的施肥方法，具有一次性施肥量大，可以大量补充土壤养分损失，还不会对植物造成伤害及改良土壤等特点。它可以分为以下几种。

（1）条沟施肥　条沟施肥是沿葡萄的栽植行向挖施肥沟。施肥沟的位置、深浅和宽窄，通常根据树龄、架式而定。篱架葡萄，幼树期在葡萄植株基部向外 40 cm 处，挖深度 40~50 cm、宽度 20 cm 的施肥沟（施有机肥）或 10 cm 的浅沟（施化肥），将肥料均匀撒入施肥沟，覆土，浇水。棚架葡萄，1~2 年生幼树施肥方法与篱架葡萄相同，进入盛果期后，一般在架外侧离植株 60 cm 处开始挖施肥沟，且施肥沟的深度、宽度相对加大（图 4-12、图 4-13）。

图 4-12　条沟施有机肥

图 4-13　条沟施化肥

目前，中国农科院兴城果树研究所已研制出专用农家肥施肥机器，可以大大提高施肥效率。它由开沟机和搅拌回填一体机两台机械装备组成（图 4-14、图 4-15），首先利用开沟机完成开沟作业，然后人工将农家肥等施入沟内，最后由搅拌回填一体机完成农家肥与土壤的搅拌混匀和土壤回填，具有施肥深度和宽度可以调节的功能。

图 4-14　偏置式开沟机
（王海波供图）

开沟机利用抛土铲铣削和抛运两种复合动作将泥土抛起并通过导板将泥土导向一侧完成开沟作业，适合于无较大石块的各种土壤，作业道宽度 1.5 m 以上，留有 4 m 以上行头；动力需求≥ 66 kW；工作效率为 100~600 m / h；开沟深度为 30~60 cm，宽度为 30~50 cm，开沟位置距主干最近 30~40 cm。

图 4-15　搅拌回填机
（王海波供图）

搅拌回填一体机首先通过卧轴搅拌装置将肥土搅拌后，再利用螺旋推进装置将泥土回填回沟内，适合于无较大石块的各种土壤，作业道宽度1.5 m以上，留有4 m以上行头；动力需求≥37 kW；工作效率为200~800 m / h；搅拌深度为30~60 cm，宽度为30~50 cm，肥土搅拌混匀和土壤回填一次性完成。

图 4-16　穴施有机肥

（2）穴施　此种施肥方法是用锹、镐或打孔器，在葡萄架下树冠范围内挖（打）若干个施肥穴，将肥料均匀施入穴内，然后覆土，下次再变换施肥位置，适用于普通有机肥（或有机颗粒肥）、化肥的施用。施用有机肥时，距葡萄植株30~40 cm处挖直径40 cm、深40 cm的施肥穴（图4-16）。施化肥时，在距葡萄植株30~40 cm处挖浅穴，随挖随施入化肥（图4-17）。

图 4-17　穴施无机肥

（3）放射状施肥　此种方式在株行距较大的葡萄园施用有机肥时采用。根据肥料多少，一般每株挖2~4条放射状沟，距葡萄根颈20 cm处向外挖沟，里浅外深，至外沿深达40 cm，里窄外宽，至外沿宽达30~40 cm，沟长40~60 cm。施入有机肥，回填土壤，然后灌水。

图 4-18　撒施有机肥

（4）撒施　此种方式是将肥料直接撒施在葡萄园行内的地面上。由于操作简单、省力，生产中许多种植者都采用此种方式施用有机肥（图4-18），但注意施入有机肥后要进行旋耕或进行土壤浅翻，否则易造成根系上返，降低植株越冬性。此法也可以用于化肥的施用，但注意施入化肥后，要立即浇水，否则易造成化肥的损失。

2. 叶面喷肥

（1）定义 叶面喷肥也叫根外追肥，是将含有各种营养成分的有机或无机营养液，按一定剂量和浓度喷施在植物叶面上，从而直接或间接为葡萄提供养分。

（2）特点 此种方法简便易行；应用时期较为灵活；补充营养较为迅速；不受土壤条件的限制，施用效果较好。但由于用量少，与土壤施肥相比，作用维持时间短。

（3）种类及使用时期 根据葡萄树体生长情况，全年喷施4~5次，一般生长前期2次，以氮肥为主；后期2~3次，以磷、钾肥为主。生长期可以根据葡萄植株缺素症状，及时补充中、微量元素。为节省用工，叶面喷肥可结合喷施农药进行。叶面肥种类、浓度、使用时期和作用参考表4-6。

表4-6 常用叶面喷肥种类、浓度、使用时期和作用

化肥种类	肥料种类	浓度/%	时期	作用
氮肥	尿素	0.3~0.5	4—8月	促进生长、成花和增产
磷肥和钾肥	磷酸二氢钾 硫酸钾	0.2~0.3 0.3~0.55	5—9月	促进花芽分化，提高坐果率和果实含糖量，增加果实着色，增强果实贮藏性和树体抗寒性
硼肥	硼砂 硼酸	0.1~0.3 0.1~0.5	花前7 d左右	提高坐果率，防治缺硼症
锌肥	硫酸锌	3~5 0.1~0.4	萌芽前 盛花期后3~5周	防治小叶病

叶面喷肥效果与温度、湿度、风力等环境条件息息相关。当气温在18~25℃时叶片吸收较快，喷施效果较好，因此要选择阴天或湿度较大、无风的天气喷施。一天中最好在上午9时以前或下午4时以后喷施。

（4）注意事项 一是叶面肥与农药一起喷施时，注意药剂的酸碱性，防止叶面肥与农药发生化学反应而破坏肥效和药效；二是结果树最后一次叶面喷肥，要在距果实采收20 d以前喷施；三是叶面肥在补充大量元素缺乏的能力有限，只能是土壤施肥的补充方式，不能完全代替土壤施肥。

3. 灌溉施肥

结合灌溉过程，将肥料溶于灌溉水中，随水施入土壤中。传统做法是通过

图 4-19　随水施入尿素

图 4-20　随水施入中、微量元素肥料

沟灌追施肥料，既可以施入大量元素肥料，也可以施入中、微量元素肥料（图 4-19、图 4-20）。此种方法的缺点是水分和施肥不均衡，如入水口处水肥过量，远离入水口处的水肥较少；地势低洼处水肥过量，地势较高处水肥较少。为解决此矛盾，可以先灌水，待水量稳定后，再将肥料均匀撒施在水中。

为保证灌溉均匀，提高肥料利用率，节省肥料和用工，可以把滴灌和施肥结合起来，即在滴灌系统中配以一定比例全水溶的肥料，准确、定量地将肥料施入葡萄根系集中分布区。

九、如何确定葡萄的施肥时期和施肥量？

葡萄的施肥时期应根据葡萄生长结果对肥料的需求规律、植株的生长发育状况、肥料的特性、土壤的状况及水分供应情况等综合考虑。

1. 有机肥

（1）施肥时期　以秋季最好，宜早不宜晚。一是因为秋季正值果树根系的生长高峰期，根系吸收能力强，断根愈合快，有利于新根产生和养分吸收；二是秋季气温较高，雨量充沛，有机肥分解时间较长，矿质化程度高，翌春可及时供给根系吸收利用；三是秋季新梢处于缓慢或停止生长状态，根系吸收的矿质营养可提高叶片光合效能，增加树体贮藏养分，促进花芽分化，增强果树越冬抗寒能力，促进翌年根系生长发育。

目前，我国北方很多葡萄产区存在有机肥在春季施入的现象。在春季施入时要注意尽早进行，萌芽 1 个月后至果实成熟期不宜施入有机肥，否则会造成树体旺长，引起架面郁闭、花芽分化不良、枝蔓成熟度差、越冬性差等问题。

（2）施肥量　有机肥的施用量因葡萄园的土壤状况、树体生长发育状况、树种、品种不同而不同，目前生产中没有一个统一的施肥量标准。据辽宁果农的经验，每亩产 1 500~2 000 kg 的巨峰、玫瑰香园，每年施入优质厩肥的量为 3 000~4 000 kg，即每千克果施 2 kg 有机肥。按此标准，连续施 10 年，则树势中庸，产量稳定。修德仁于 20 世纪 80 年代初期，在河北张家口推广的以果产量定有机肥施用量的 1∶2 施肥方法，也取得了较好的效果。

2. 化肥

（1）施肥时期 具体施用时期主要取决于葡萄的生命周期及年生长发育周期。当年栽植的苗木，当新梢长到 20 cm 以上时，进行第一次追肥。北方在 7 月份之前，为促进新梢生长，要连续追施 2~3 次以氮肥为主的化肥；7 月份以后为促进枝条成熟，要注意控制氮肥的使用，追施 1~2 次磷、钾肥。

葡萄进入结果期后，一般每年要追肥 3~5 次。萌芽前追施萌芽肥，以氮肥为主；开花前追施坐果肥，以磷、钾肥为主；坐果后追施壮果肥，氮、钙肥并重；浆果成熟前追施增色保质肥，以钙、镁、磷肥为主；浆果采收后追施壮树肥，施少量氮素以恢复树势。

（2）施肥量 根据辽宁、河北等地果农朋友的经验，在有机肥施肥量充足的情况下，化肥的施用量如下：磷肥主要随秋施基肥施入土壤深层，施肥量为每 100 kg 有机肥混入过磷酸钙 1~3 kg，其他速效性化肥用量按每 100 kg 果全年追施 1~3 kg 为宜。如果有机肥质量很好，则化肥施用量可控制在每 100 kg 果全年追施 1 kg 以下。

第五章
Chapter 5

葡萄常见病虫害的识别与防治

一、决定葡萄病虫害发生的因素有哪些？

决定葡萄病虫害能否发生及影响发生程度的主要因素有5个，具体见表5-1。

表5-1 影响病虫害发生程度的主要因素

影响因素	关系
病虫害来源	有病虫害存在是病虫害发生的第一个因素。病虫害来源有两方面：一是原来葡萄园没有，后来通过人为传播、主动传播或随气流传播到葡萄园；二是葡萄园原来就存在病虫害
葡萄园病虫害的存在及本身特性	病虫害的发生规律、生长繁殖特点及自身特性，决定了为害葡萄的时期、方式、轻重及威胁程度等
寄主	寄主分葡萄寄主和其他寄主两类。当葡萄作为寄主时，在病虫害为害严重地区，要选择抗病虫品种；当其他植物作为寄主时，会为病虫害发生、发展和为害提供可能；通过了解寄主和寄主范围，可以找到病虫害防控方法
非生物因子	包括气象因子和土壤条件等。气象因子中如温度、湿度、光照、大风等均会对病虫害的生存、发育、繁殖、传播等产生影响。土壤条件也会间接影响病虫害的发生程度
生物因子	包括天敌生物、病虫的竞争性生物、葡萄园中的植物等均会直接或间接影响病虫害的发生

二、防治葡萄病虫害的主要途径有哪些？

防治葡萄病虫害的主要途径及控制方法见表5-2。

表 5-2 防治葡萄病虫害的途径及控制方法

主要途径	控制方法
控制病虫害的种类和数量	通过植物检疫、繁殖材料的消毒、使用脱毒苗木等阻止或避免本地没有的病虫害带入本地区等措施，减少病虫害的种类；通过适宜的栽培方法、物理与机械方法、生物方法、化学方法等控制病虫害数量的增加
选择合适的抗性品种	抗病虫品种，可以有效降低病虫害的数量，从而有利于病虫害的控制，如在多雨地区选择抗霜霉病、黑痘病的品种，是获得栽培成功的关键
控制环境条件	一是通过避雨栽培、套袋栽培、水肥调节等，创造适于葡萄生长发育、减少或降低病虫害发生的条件；二是通过果园生草、覆草、覆膜等，改善环境条件，使其不利于某种病虫害的发生；三是在环境条件利于某种病虫害的发生与繁殖时，要通过化学防治方法进行干预

三、葡萄病虫害防治的理念是什么？

众所周知，葡萄病虫害防治的主要目的，是不让病虫害的为害对优质、安全的葡萄生产造成影响。因此，生产中必须采取简单、经济、及时、准确的防治措施。而这些措施的实施，要有正确、准确、科学的防治理念来指导。葡萄病虫害的防治理念及其精髓见表 5-3。

表 5-3 葡萄病虫害的防治理念及其精髓

防治理念	精髓
预防为主、综合防治	一是通过植物检疫、选择脱毒苗木等措施不让某些病虫害进入本地区。这是病虫害防治的基础。二是通过清理果园、抓好栽培技术环节、发病前或病虫害防治关键时期使用农药等，充分减少本地已有病虫源的基数，降低菌数、虫量，这是病虫害防治的根本。三是在病虫害已经严重发生或将要大发生前，采取化学防治措施，减少和降低病虫害暴发成灾的概率
生产安全果品	一是选择葡萄上允许使用、质量好、安全性好、对症的农药；二是选择质量较好的设备；三是喷施农药要均匀、周到；四是注意农药使用剂量、次数、安全间隔期
注意环境保护和生态平衡	病虫害的防控措施是一种外来的干预措施，会对生态体系和环境造成影响。因此，在采用病虫害防控措施时要进行充分评估和选择，鼓励能够促进生态体系和环境健康发展的各类防治措施，以保护环境和维护生态平衡，生产优质葡萄

四、葡萄主要叶部病害有哪些？如何进行防治？

1. 霜霉病

图 5-1　霜霉病叶片正面

霜霉病是葡萄的第一大病害，是影响葡萄产量和品质的最为重要的病害。

（1）症状　主要为害叶片，也侵染新梢和幼果。

病菌首先侵染嫩叶，病叶初期正面表现为淡绿色至淡黄色的不规则斑块，后在叶片正面形成淡黄色至红褐色病斑，因受叶脉限制病斑呈角形。常见多个病斑相互融合。在病斑部位的叶背面出现白色霜状霉层（图 5-1、图 5-2）；被严重侵染的叶片，表现为向背面卷曲并有时脱落。图 5-3 为染霜霉病叶片治愈后的状态。

霜霉病菌侵染幼果时，从果皮或果梗的皮孔侵染，果面有白色霉状物；大一些的幼果感病初期，病斑为浅绿色，之后逐渐变深、变硬，随果粒增大形成凹陷病斑，天气干燥时，病粒凹陷，僵化、皱缩脱落（图 5-4、图 5-5）。穗轴染病时，会引起部分果穗或整个果穗脱落。

（2）发病规律　病菌主要以卵孢子在病残体中越冬或随病残体在土壤中越

图 5-2　霜霉病叶片背面

图 5-3　治愈后的霜霉病叶片

图 5-4　葡萄幼果霜霉病症状

图 5-5　葡萄果实霜霉病后期症状

冬。温暖地区也可以以菌丝体在枝条、幼芽中越冬。第二年春季环境条件适宜时，卵孢子或菌丝体萌发产生孢子囊，孢子囊萌发后产生游动孢子，借风雨传播到寄主的绿色组织上，由气孔和水孔侵入。

霜霉病流行的气候条件是有水分的存在（雨、结露、吐露）和适宜的温度。在适宜温度范围内，少风、多雨、多雾或多露的情况下最易发病。降雨早、降雨频繁、雨量大的年份和地势低洼、枝叶过密、架式低矮、树势衰弱、排水不良、管理粗放的果园发病重。

（3）防治方法　霜霉病防治方法及要求见表 5-4。

2. 白粉病

白粉病是一种世界性真菌病害，遍布于世界各葡萄主要栽培区。

（1）症状　主要为害叶片、新梢和果实等所有绿色部分。

叶片受害，表面长出粉白色霉斑，严重时布满全叶，使病叶卷缩或干枯（图 5-6）。

表 5-4　霜霉病防治方法及要求

防治方法	具体要求
农业防治	休眠期清洁果园，彻底清除病枝叶和病果穗，并集中深埋；夏季控制副梢量；提高结果部位，保证通风透光良好；雨季及时排水，降低田间湿度；采用避雨栽培措施
化学防治	萌芽前对地面和植株喷施 3~5 波美度石硫合剂，降低越冬菌源基数；发病前喷施保护性杀菌剂进行预防；发病重的园地在花前、花后各喷 1 次杀菌剂，一般园地在雨季来临前把保护性和内吸性杀菌剂混合，喷施 1 次；发病初期，一般喷施 1~3 次内吸性杀菌剂，雨季要连续使用杀菌剂，每隔 7~10 d 喷 1 次 常用的保护性杀菌剂有：波尔多液、80% 代森锰锌可湿性粉剂 800 倍液、80% 福美双可湿性粉剂 1 000 倍液（或 50% 嘧菌酯・福美双可湿性粉剂 1 500 倍液）、25% 嘧菌酯悬浮剂 1 500~2 000 倍液、25% 吡唑嘧菌酯乳油 1000 倍液 常用的内吸性杀菌剂有：80% 三乙膦酸铝可湿性粉剂 600~800 倍液、50% 烯酰吗啉可湿性粉剂 2 000~3 000 倍液、80% 霜脲氰水分散粒剂 2 000~4 000 倍液、25% 精甲霜灵可湿性粉剂 2 500 倍液、69% 烯酰・锰锌可湿性粉剂 1 500 倍液、60% 氟吗啉・锰锌可湿性粉剂 600 倍液等。上述药剂交替使用，间隔 15~20 d

新梢受害，表皮出现许多花斑，有时枝蔓不易成熟。

幼果受害，表面产生白色粉斑或黑褐色星芒状线纹，其上覆盖一层白粉（图 5-7），病果不易增大，后期易枯萎脱落；果粒中后期受害，表面形成黑褐色网状线纹，病果易开裂，容易腐烂。

（2）发病规律　主要以菌丝体在被害组织内或芽鳞间越冬。第二年春天芽萌动后，菌丝体产生分生孢子，借助风和昆虫传播到刚发芽的幼嫩组织上；当

图 5-6　白粉病病叶

图 5-7　白粉病病果

条件适宜时，分生孢子萌发侵入到寄主，使葡萄得病。

干旱的夏季和闷热、潮湿的天气有利于病害的流行。白粉病菌的生长和发育要求较高的温度，如夏季气温在 25~35 ℃时，病害发展最快，超过 35 ℃的高温会抑制白粉病的发生和流行。干旱条件下，白粉病发病较重，雨水较多，不利于白粉病的发生。地势低洼、过量施用氮肥、通风透光差均利于白粉病的发生和流行。

（3）防治方法　白粉病防治方法及要求见表 5-5。

表 5-5　白粉病防治方法及要求

防治方法	具体要求
农业防治	下架前彻底清除葡萄园枯枝落叶、落果，集中处理（可高温发酵堆肥），以消灭越冬菌源；结合冬剪，剪除病枝，集中销毁；合理控制和调节负载量，平衡施肥，增强树势，提高抗病力；及时进行夏季修剪，促进通风透光，减少病害发生
生物防治	芽孢杆菌、农抗 120（120A 和 120BF）、武夷菌素等，均能有效防治葡萄白粉病
化学防治	萌芽前对植株及地面喷施 3~5 波美度的石硫合剂；开花前、落花后至套袋前是白粉病防治的关键时期，可以结合其他病虫害的防治，使用药剂控制白粉病病菌的数量 可选择的药剂有：50% 嘧菌酯·福美双可湿性粉剂 1 500 倍液、70 % 甲基硫菌灵可湿性粉剂 800~1 000 倍液、25% 嘧菌酯悬浮剂 1 500 倍液、20% 苯醚甲环唑水分散粒剂 3 000~5 000 倍液、40% 氟硅唑乳油 8 000~10 000 倍液。以上药剂交替用药

3. 褐斑病

褐斑病分为大褐斑病和小褐斑病两种，仅为害叶片。

（1）症状　大褐斑病发病初期，在叶片表面产生许多近圆形、多角形或不规则形的褐色小斑点，后病斑逐渐扩大成直径 2 cm 以上的不规则形大斑。病斑中部呈黑褐色，边缘褐色。病害发展到一定程度时，病叶干枯破裂，并导致出现早期落叶。

小褐斑病发病初期，在叶片表面产生深褐色小斑点，中部颜色稍浅，直径 2~3 mm，大小较一致。有时一个叶片上产生许多个病斑。后期病斑背面长出一层明显的褐色霉状物。严重时，从病斑外围开始变黄，形成黄色晕圈；病斑多时，致使叶片部分或整个变黄、干枯，甚至早期脱落（图 5-8、图 5-9）。

（2）发病规律　病菌以菌丝体和分生孢子在落叶上越冬。第二年初夏长出新的分生孢子梗，产生分生孢子，借助气流和雨水传播，在高湿条件下萌发，

图 5-8　小褐斑病发病初期症状

图 5-9　小褐斑病后期叶片变黄

从叶背气孔侵入，引起初次侵染。在环境条件适宜时，又会产生第二批分生孢子，引起再侵染。

褐斑病从 5—6 月开始发生，7—9 月雨季开始到果实采收以后，为发病盛期，严重时可以使叶片提早脱落，严重影响树势和第二年结果。

（3）防治方法　褐斑病防治方法及要求见表 5-6。

表 5-6　褐斑病防治方法及要求

防治方法	具体要求
农业防治	彻底清除葡萄园枯枝落叶，集中处理，以消灭越冬菌源；合理施肥，增强树势，提高抗病力；科学整枝，促使通风透光，叶片健壮
化学防治	萌芽前对植株及地面喷施 3~5 波美度的石硫合剂；6 月份喷施 1 次等量式 200 倍波尔多液，7—9 月，每隔 10~15 d 喷 1 次药。由于病害一般多从植株下部叶片开始发生，喷药时要重点喷施植株下部的叶片 可选择药剂有：50% 多菌灵可湿性粉剂 500 倍液、70% 甲基硫菌灵可湿性粉剂 800~1 000 倍液、10% 多抗霉素 800 倍液、20% 苯醚甲环唑水分散粒剂 1 500~2 000 倍液。以上药剂交替用药

五、葡萄主要果实病害有哪些？如何进行防治？

1. 白腐病

白腐病别名水烂病、穗烂病，是世界各葡萄产区常见的一种真菌病害。

（1）症状　一般在葡萄生长后期出现，主要为害穗轴、果粒和枝蔓，也为害叶片。

果穗受害时，先在穗轴、果梗产生浅灰褐色、水渍状的不规则病斑，病斑扩大后开始腐烂，并逐渐向果粒蔓延（图 5-10）。

从果蒂部位侵染果粒，病果呈褐色、水浸状，后期软化、腐烂，发病严重时全穗果粒腐烂，果穗及果梗干枯缢缩，极易脱落（图 5-11、图 5-12）。

枝梢发病时，多为害嫩枝，病部最初呈淡红色水浸状软腐，边缘深褐色，后期暗褐色、凹陷，表面密生灰白色小粒点。病斑环绕枝条一周时，其上部枝、叶逐渐枯死。最后，病皮纵裂如乱麻状。

秋季有露水时或叶片出现伤口时，白腐病菌也会为害叶片。叶片发病多在叶尖、叶缘处，初期在叶缘或叶尖出现淡黄色、水渍状的病斑，并不断沿叶尖或叶缘向内扩展，形成颜色深浅不一的同心轮纹病斑（图 5-13），表面也有灰白色小粒点，但以叶背和叶脉两边为多，病斑容易破碎。

（2）发病规律　病菌主要以分生孢子器和菌丝体在病残体和土壤中越冬。第二年 5 月下旬至 7 月，分生孢子借风雨、昆虫等传播到果穗和新梢上，通过伤口、蜜腺侵入组织内，引起初次侵染。以后病斑上产生的分生孢子器及分生孢子不断扩散出来，反复进行再侵染，导致病害的流行。

高温高湿的气候条件及伤口是病害发生和流行的主要因素。一般情况下，白腐病发生早晚和持续时间的长短取决于雨季来临的早晚、多少及持续时间的长短。

图 5-10　白腐病穗轴发病症状

图 5-11　白腐病果粒发病症状

图 5-12　近地面葡萄白腐病

图 5-13　白腐病叶片被害症状

雨季来临早、降水量大的年份，白腐病发生早且严重，反之，发病则轻。雹灾后易引起白腐病的大发生。白腐病的发生与寄主的生育期关系密切，一般在幼果期不发生，着色期开始发生，果实进入成熟期，其感病程度也逐渐加重。此外，偏施氮肥、排水不良、枝蔓过多、通风透光差、负载量大，均有利于白腐病的发生。

（3）防治方法　白腐病防治方法及要求见表 5-7。

表 5-7　白腐病防治方法及要求

防治方法	具体要求
农业防治	生长季节及时清除病果、病叶、病枝，并集中处理；秋季采收后剪除病枝蔓，清除地面病残组织，带出园外集中销毁；去除近地面多余的枝蔓，提高结果部位；清除杂草、搞好排水工作，以降低园内湿度；增施有机肥和适当增施磷钾肥，增强树势，提高其抗病力
化学防治	萌芽前喷施 3~5 波美度石硫合剂；开花前，结合灰霉病、穗轴褐枯病、白粉病等的防控，喷施药剂；病害始发期（6 月中下旬）第一次喷药，连喷 3~5 次，两次用药间隔 10~15 d 可以选用的药剂有：78% 代森锰锌可湿性粉剂 600 倍液、50% 退菌特可湿性粉剂 800~1 000 倍液、50% 福美双可湿性粉剂 500~800 倍液、50% 甲基硫菌灵可湿性粉剂 500 倍液、50% 多菌灵可湿性粉剂 1 000 倍液、20% 苯醚甲环唑 3 000~5 000 倍液或 40% 氟硅唑 8 000~10 000 倍液

2. 灰霉病

灰霉病是世界葡萄的重要病害，是仅次于霜霉病的葡萄重大病害。鲜食葡萄感染灰霉病，不仅会降低产量，而且在葡萄贮运过程中会继续腐烂，成为贮运过程中葡萄腐烂的主要原因。

（1）症状 灰霉病能在任何时间侵染葡萄，但主要为害花期前后的花序、转色期至成熟期的果实和贮藏期的果实。冬季和春季多雨地区，有时也为害幼芽、新梢、叶片和果梗。

花序和幼果受害，先在花梗和小果梗或穗轴上产生淡褐色水渍状病斑，后变暗褐色，病部组织软腐，表面密生灰霉，被害花序和幼果逐渐失水萎蔫，最后干枯脱落（图 5-14）。

图 5-14 葡萄花序灰霉病

成熟果实及果梗被害，果面出现褐色凹陷病斑，整个果实很快软腐，长出鼠灰色霉层，果梗变黑，后在病部长出黑色块状菌核（图 5-15）。白色品种染病，果粒变成褐色；有色葡萄品种染病，果粒变成红色。果穗被侵染后，在低温贮藏期间，穗轴发展成湿腐，并逐渐被褐色霉层覆盖。

幼芽和新梢受害，呈褐色病斑，导致干枯；晚春和花期，叶片受害时，一般在叶片边缘比较薄的地方产生淡褐色、不规则形的病斑，也长出鼠灰色霉层（图 5-16）。

（2）发病规律 病菌以菌核、分生孢子和菌丝体随病残组织在土壤中越冬。第二年春季条件适宜时，分生孢子通过气流和雨水传播到花穗和幼叶上进行初次侵染，然后又长出新的分生孢子，不断进行再侵染。该病有两个明显的发病期：第一次在开花前后，此时如果低温、高湿，大量花序受害，会造成严重落花；第二次在果实着色至成熟期，此时如遇连雨天，会引起裂果，病菌从伤口侵入后，致使果粒腐烂。

多雨潮湿和较凉的天气条件适于灰霉病的发生。春季多雨、气温 20 ℃左右、空气湿度大于 95% 的时间在 3 d 以上，则灰霉病易流行。开花坐果期如葡

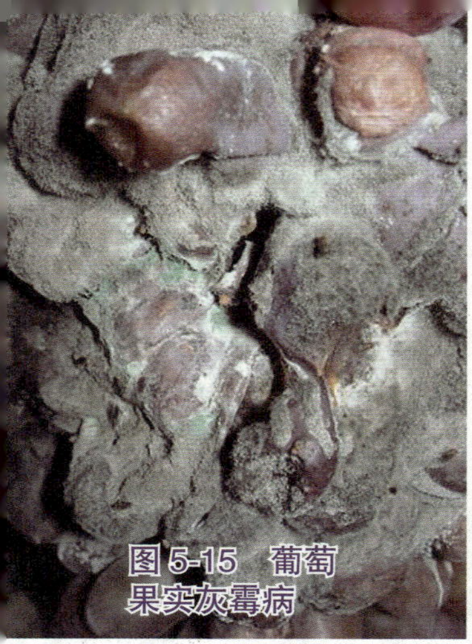
图 5-15 葡萄果实灰霉病

图 5-16 葡萄叶片灰霉病（孙凌俊供图）

萄处于低温、多雨、潮湿的环境，则病害发生较重。排水不良，土壤黏重，枝叶过密，通风透光不良均能促进发病。管理粗放、氮肥过多，病害发生相对较重。机械伤、虫伤多的果园发病也较重。葡萄园久旱遇雨或灌溉不当引起的裂果及果实成熟期的大量裂果均会导致灰霉病暴发流行。

（3）防治方法 灰霉病防治方法及要求见表 5-8。

表 5-8 灰霉病防治方法及要求

防治方法	具体要求
农业防治	晚秋结合修剪下架，剪除病枝蔓、病果穗及病卷须，于园外烧毁或深埋，以清除病源；合理施用速效氮肥，增施磷、钾肥，控制树体过旺生长，摘除果穗周围的叶片，提高通风透光度
化学防治	萌芽前对植株及地面喷施 3~5 波美度的石硫合剂；花序分离期喷施保护性杀菌剂；开花前以喷施内吸性杀菌剂为主，并配合保护性杀菌剂；谢花后和封穗前以喷施内吸性杀菌剂为主；转色后以喷施保护性杀菌剂为主，并配合内吸性杀菌剂 保护性杀菌剂可选择 50% 嘧菌酯·福美双可湿性粉剂 1 500 倍液、50% 腐霉利可湿性粉剂 600~800 倍液、50 % 异菌脲可湿性粉剂 500~600 倍液 内吸性杀菌剂可选择 80% 甲基硫菌灵可湿性粉剂 1 000 倍液、22.2% 抑霉唑乳油 1 000~1 200 倍液、50% 啶酰菌胺水分散粒剂 1 500 倍液、40% 嘧霉胺悬浮剂 800~1 000 倍液等，其中嘧霉胺是防治灰霉病活性最高的杀菌剂

3. 酸腐病

酸腐病为一种综合性病害，是一种二次侵染造成的病害，是真菌、细菌和醋蝇联合为害的结果。

（1）症状 为果实后期病害，主要在转色至成熟期为害果实。主要症状有：有腐烂的果实；套袋葡萄，如果在果袋的下方有一片深色湿润（俗称“尿袋”），即为酸腐病（图 5-17）；烂果穗周围有类似于粉红色的小蝇子（醋蝇）滋生；腐烂后的果实有醋酸味；在烂果内可以见到白色的小蛆；果实腐烂后，汁液由里向外流出，导致整串果穗很快腐烂；果粒腐烂后干枯，最后只剩下种子和果皮（无核品种只剩下果皮）（图 5-18 至图 5-20）。

（2）发病规律 酸腐病是葡萄果实成熟期的病害，为真菌、细菌和醋蝇联合为害。病原菌中的真菌是酵母菌，细菌是醋酸菌，醋蝇是传病介体。由于存在伤口，酵母菌在伤口处将糖转化成乙醇，果粒伤口及酵母菌产生的气味吸引醋蝇在伤口处产卵并同时传播细菌，造成果粒腐烂，之后醋蝇指数增长，引起病害的流行。

图 5-17 尿袋

图 5-18 酸腐病烂果内小蛆

图 5-19　酸腐病果穗腐烂

图 5-20　酸腐病果粒干枯

酸腐病的发病条件有三个：一是要有伤口，即机械伤或病害造成的伤口；二是要有导致果穗周围和果穗内高湿度的因素；三是要有醋蝇的存在。一般雨水、喷灌和浇灌等造成空气湿度过大，叶片过密，果穗周围和果穗内的高湿度会加重酸腐病的发生和为害。灰霉病、炭疽病等造成的果实伤口，会诱发酸腐病的发生。在晚熟、糖度高的品种，如美人指、温克上为害严重。植物生长调节剂，如赤霉素应用浓度过大或次数过多时，果粒膨大互相挤压，形成伤口，会诱发病害，造成大面积果粒腐烂。同时，品种的混合栽植，尤其是不同成熟期的品种混合种植，也能增加酸腐病的发生。

（3）防治方法　酸腐病的防治原则是以防病为主，病虫兼治。具体防治方法及要求见表 5-9。

4. 穗轴褐枯病

穗轴褐枯病，别名轴枯病，是葡萄开花期最容易感染的一种真菌病害。

（1）症状　主要为害葡萄幼嫩的花蕾、花序轴和花序梗，也可为害幼果，使其萎蔫、干枯，从而引起大量落花落果。

一般在葡萄抽生出幼穗至花序分离前即可发病，穗轴老化后一般不易发病。发病初期，幼穗的分枝、穗轴变为褐色，不久便失水干枯，变为黑褐色，果穗随之萎蔫脱落（图 5-21、图 5-22）。天气潮湿时，在病部表面产生黑色霉状物。发病后期，干枯的分枝穗轴往往从分枝处被风吹断、脱落。

表 5-9　酸腐病防治方法及要求

防治方法	具体要求
选择抗病品种	发病重的地区选栽抗病品种；雨水多的地区，种植不易裂果的品种；避免在同一葡萄园种植不同成熟期的品种
农业防治	加强夏季修剪，改善通风透光条件；及时疏花疏果，保持穗形松散，防止果实相互挤压；合理使用或不使用激素类药物，避免果皮伤害和裂果；合理使用肥料，尤其避免过量使用氮肥；葡萄成熟期尽量避免灌溉，防止出现裂果；防止鸟类为害而造成伤口
化学防治	据国外资料和王忠跃等研究，适宜的化学防治方法为波尔多液和杀虫剂配合使用。即葡萄转色期前后喷施 1~3 次 80% 波尔多液可湿性粉剂，10~15 d 使用 1 次，用药量为 26~40 kg/hm^2。杀虫剂可用 10% 高效氯氰乳油或 10% 联苯菊酯微乳剂

幼小果粒染病时，仅在表皮上产生直径 2 mm 的圆形深褐色小斑，不深入果肉内部，随果粒不断膨大，病斑表面呈疮痂状。果粒长到中等大小时，病痂脱落，会造成果皮粗糙，没有果粉，易裂果（图 5-23、图 5-24）。

（2）发病规律　病原菌以分生孢子在枝蔓表皮、病残体或幼芽鳞片内越冬。第二年春季，从幼芽萌动至开花期，分生孢子通过伤口或表皮自然孔口侵入，

图 5-21　穗轴褐枯病侵染穗轴

图 5-22　穗轴褐枯病侵染花蕾

图 5-23 侵染幼果后期病痂脱落

图 5-24 穗轴褐枯病导致裂果

形成病斑后，病部又产生分生孢子，借助风雨传播，进行再侵染。

低温高湿是穗轴褐枯病流行的主要原因。早春花期低温多雨，幼嫩组织（穗轴）持续时间长，木质化缓慢，植株瘦弱，病菌扩展蔓延快，随着穗轴老化，病情渐趋稳定。老龄树一般较幼龄树易发病。肥料不足或氮磷配比失调者病情加重；地势低洼、通风透光差、环境郁闭时发病重。一般巨峰系品种易感病，玫瑰香、康拜尔早生等品种较抗病。

（3）防治方法 穗轴褐枯病防治方法及要求见表 5-10。

表 5-10 穗轴褐枯病防治方法及要求

防治方法	具体要求
农业防治	清洁葡萄园，减少越冬菌源；控制氮肥用量，增施磷钾肥；合理修剪，避免架面郁闭，搞好果园通风透光、排涝降湿
化学防治	萌芽前喷布 3~5 波美度石硫合剂或 50% 嘧菌酯·福美双悬浮剂 1 次；花序分离至开花前，喷 1 次杀菌剂。可选择 80% 戊唑醇水分散粒剂或 20% 苯醚甲环唑微乳剂，也可选择 50% 甲基硫菌灵可湿性粉剂 500~800 倍液或 50% 异菌脲可湿性粉剂 1 500 倍液

5. 炭疽病

炭疽病别名葡萄晚腐病、葡萄苦腐病，是葡萄的重要真菌病害之一，在世界范围内分布广泛。

（1）症状 主要发生在果实和穗轴上，在葡萄果实的着色期或近成熟期为害；幼果期能被侵染，但一般在着色期或稍晚才出现症状。果实被害初期，果面出现圆形稍凹陷的褐色病斑，病斑表面密生黑色小点，即病菌的分生孢子盘。当天气潮湿时，病斑上长出粉红色黏质物，即病菌的分生孢子团块。发病严重时，病斑可以扩展到半个或整个果面，后期感病，果粒软腐，易脱落，或逐渐失水干缩，成为僵果（图 5-25）。

图 5-25　葡萄炭疽病（引自王忠跃主编《中国葡萄病虫害与综合防控技术》）

（2）**发病规律**　在露地环境条件下，病菌主要以菌丝体在树体上潜伏于皮层内越冬，枝蔓节部周围最多。第二年 5—6 月条件适宜时便产生分生孢子，借助风雨传播，萌发侵染。

高温多雨季节病害容易流行。炭疽病在整个生长期均会侵染葡萄各组织，但前期一般不发病，从果实转色期开始发病，此时如果降雨量大，会导致炭疽病严重发生。栽培密度大、留枝量多、通风透光差、管理粗放的果园发病重。一般皮薄的品种发病重；同等抗病水平的早熟品种发病轻，而晚熟品种发病较重。

（3）**防治方法**　炭疽病防治方法及要求见表 5-11。

表 5-11　炭疽病防治方法及要求

防治方法	具体要求
农业防治	冬季修剪后埋土前清理果园并销毁病残体；生长期注意疏蔓、绑蔓和除副梢，使其通风透光；雨后及时排水，降低果园湿度；合理施肥，增施磷钾肥，控制速效氮肥的施用量；采用套袋栽培；发病重的地区可采用避雨栽培
化学防治	萌芽前喷 1 次 3~5 波美度的石硫合剂，清除越冬菌源。发芽后到开花前，结合防治灰霉病、穗轴褐枯病、早期霜霉病等，喷施保护性杀菌剂；套袋栽培时，在花后和套袋前配合使用保护性杀菌剂和内吸性杀菌剂；葡萄转色和成熟期使用保护性杀菌剂 保护性杀菌剂可以选择 80% 代森锰锌可湿性粉剂 800 倍液，80% 波尔多液可湿性粉剂 600 倍液、25% 嘧菌酯悬浮剂 1 500 倍液、50% 嘧菌酯·福美双可湿性粉剂 1 500 倍液 内吸性杀菌剂可选择 40% 苯醚甲环唑水分散粒剂 3 000~5 000 倍液，40% 氟硅唑乳油 8 000 倍液，22% 抑霉唑水乳剂 1 500 倍液。 注意交替用药

图 5-26　葡萄果实溃疡病

6. 葡萄溃疡病

（1）症状　主要为害果实和枝干。果实症状出现在转色期，在穗轴上出现黑褐色病斑，向下发展引起果梗干枯，导致果实脱落。一般脱落的果实无明显症状，严重时会腐烂；有时果实干缩不脱落（图 5-26）。

枝条受害后主要在枝条分支处和节间处出现症状，表现为当年生枝条出现灰白色梭形病斑，病斑上着生许多黑色小点；把染病枝条横切后可发现其维管束变褐。

（2）发病规律　葡萄溃疡病是弱寄生病害，病菌主要通过伤口进行侵染。病菌在病果、病枝条等组织上越冬。在适宜条件下，分生孢子通过气流、水流或雨滴飞溅、灌溉水进行传播。树势弱、负载量大的葡萄植株易感病。

（3）防治方法　溃疡病防治方法及要求见表 5-12。

表 5-12　溃疡病防治方法及要求

防治方法	具体要求
农业防治	及时修剪病枝蔓或其他病组织并集中销毁；合理负载，平衡施肥，提高树势，达到中庸或偏旺；可采用避雨栽培
化学防治	花期前后，结合防治灰霉病、白粉病等，喷施 2~3 次 50% 嘧菌酯 · 福美双可湿性粉剂 1 500 倍液；修剪后及时喷药，此时如气候湿润，可喷施 80% 福美双可湿性粉剂 800 倍液或 50% 嘧菌酯 · 福美双可湿性粉剂 1 500 倍液；发病较重区域，果穗整形后或转色后，用 40% 氟硅唑乳油 8 000 倍液处理果穗

7. 黑痘病

黑痘病别名疮痂病，在我国南北产区均有发生。

（1）症状　为害植株的绿色幼嫩器官，包括叶片、果粒、穗轴、果梗、新梢和卷须等，主要在前期发病。嫩梢、幼叶、卷须染病时会发生皱缩卷曲，如同烫发状，其上有多角形褐色至黑色凹陷病斑（图 5-27）；中部叶片病斑极小，干枯后形成穿孔，孔眼很小。

幼果受害，病斑呈圆圈状，稍凹陷，边缘紫褐色，中间灰白色，形似鸟眼，后期病斑硬化或龟裂，失去食用价值。

图 5-27　葡萄新梢黑痘病

（2）发病规律　病菌以菌丝体在病蔓、病梢、病果、病叶痕等组织越冬。病菌生活力很强，在病组织中可存活 3~5 年。第二年 4—5 月，环境条件适宜时产生分生孢子，借助风雨传播。最初受害的是新梢及幼叶，以后侵染果实、卷须等。

长期多雨高湿有利于病菌的产生和发展。华北地区，该病一般在 5 月下旬至 6 月初温度升高后开始发病，发病盛期在 6 月中旬至 7 月上旬，10 月以后病害停止发展。地势低洼、排水不良、幼嫩组织多、氮肥过多，均有利于病害发生。红地球、美人指、无核白等品种易感病，巨峰系品种较抗病。

（3）防治方法　黑痘病防治方法及要求见表 5-13。

表 5-13　黑痘病防治方法及要求

防治方法	具体要求
农业防治	选择无病苗木或进行苗木消毒，常用消毒剂有：3%~5% 硫酸铜溶液；3~5 波美度的石硫合剂；10%~15% 硫酸铵溶液 搞好田间卫生，如冬剪时，剪除病枝梢及残存的病果、病叶等，集中销毁；加强土壤和肥水管理，及时整枝和套袋
化学防治	萌芽前喷洒 3~5 波美度的石硫合剂；开花前和落花后是防治黑痘病的关键时期，注意喷施内吸性杀菌剂；雨季注意保护性杀菌剂和内吸性杀菌剂混合使用 保护性杀菌剂可选择 50% 嘧菌酯 3 000 倍液、50% 嘧菌酯 · 福美双可湿性粉剂 1 500 倍液，30% 王铜（氧氯化铜）600~800 倍液、80% 波尔多液 400~800 倍液。其中铜制剂是控制黑痘病最关键的药剂 内吸性杀菌剂可以选择 50% 多菌灵可湿性粉剂 600 倍液，40% 氟硅唑 7 500 倍液、80% 戊唑醇 6 000 倍液、40% 苯醚甲环唑 3 000 倍液等。注意以上药剂交替使用

六、葡萄主要枝干和根部病害有哪些？如何进行防治？

1. 蔓割病

蔓割病别名蔓枯病，此病在我国各葡萄产区均有分布，一般老果园发病较重，新果园发病较轻；湿度大的年份和地区发病较重。

图 5-28　葡萄蔓割病

（1）症状　主要为害二年生以上的枝蔓，尤其主蔓下部最易受害，也可为害新梢和果实。枝蔓受侵染后，侵染部位呈现红褐色或淡褐色、稍凹陷不规则病斑，后期病斑扩大呈梭形或椭圆形，病部腐烂变成暗褐色。此病最典型特征是病部枝蔓纵向开裂（图 5-28）。主蔓受害，植株生长衰弱，萌芽晚，节间短，叶片小、变黄并逐渐枯萎；病株果实提前着色，但果穗、果粒较小，果实品质较差；有时枝蔓上产生许多气生根，严重时整株死亡。湿度大时病斑上产生分生孢子器并溢出白色或黄色丝状或胶状的孢子角。

新梢受害，初期产生暗褐色、不规则小斑，病斑扩大后，病组织由暗褐色变为黑色条斑或不规则大斑，后期皮层开裂，组织变硬、变脆。

（2）发病规律　主要以分生孢子器或菌丝体在病组织、树皮和芽鳞内越冬。第二年春天，当空气潮湿时，分生孢子散出，借助风雨或昆虫媒介传播，开始初次侵染。天气干热时病菌停止活动。如果条件适宜，病菌可以重复侵染。

该病流行的主要条件是春秋冷凉、连续降雨、高湿和有伤口。多雨潮湿的天气利于发病。一般地势低洼、土壤黏重、排水不良、土壤瘠薄、肥水不足的果园，以及管理粗放，虫伤、冻伤多或患有其他根部病害的葡萄树发病较重。

（3）防治方法　蔓割病防治方法及要求见表 5-14。

表 5-14 蔓割病防治方法及要求

防治方法	具体要求
繁殖材料消毒	远距离引进的砧木、接穗、插条和苗木等繁殖材料，用 3 波美度的石硫合剂消毒
清除病组织	检查枝蔓，发现重病斑应及时将枝蔓剪除，轻病斑用刀将其刮除，然后伤口上涂抹 5 波美度的石硫合剂或 50% 多菌灵可湿性粉剂 600 倍液，以保护伤口不再受侵染
加强果园管理	增施有机肥，合理负载，促进树势健壮，增强树体的抗病能力；冬季适时埋土，加强防寒工作，避免发生冻害；上下架操作时要小心，尽量避免造成根系和枝蔓伤口；注意防治地下害虫、茎部蛀虫及根部病害，减少病菌侵入的机会
化学防治	萌芽前喷施 3~5 波美度的石硫合剂；春末夏初，重点对老枝蔓的茎部喷施 1~2 次铜制剂，生长期喷施 50% 多菌灵可湿性粉剂 800 倍液或 70% 甲基硫菌灵可湿性粉剂 800~1 000 倍液或 40% 氟硅唑乳油 6 000~8 000 倍液等；落叶后至埋土防寒前喷施 50% 嘧菌酯 · 福美双可湿性粉剂 1 000~1 500 倍液

2. 枝枯病

枝枯病在我国江苏、浙江、四川、湖南和河北等地的葡萄园中被发现，目前对葡萄产业尚未构成严重威胁，但为防止范围扩大或为害加重，要注意及时进行监测。

（1）症状 主要为害枝干，也可为害穗轴、果粒、叶片及根系。发病初期，受害枝蔓出现不规则的斑点，呈暗色或黑褐色，木质部出现褐色水渍状不规则病斑，后期扩展成长椭圆或纺锤形条斑，呈黑褐色，凹陷，表面有时纵裂，维管束变褐坏死（图 5-29）；新梢染病干枯死亡。

穗轴发病最初为褐色斑点，后扩展成长椭圆形，严重时全穗干枯；果实一般在转色期前后表现症状，病果呈褐色，有小黑点，后期皱缩干枯成僵果；叶片染病，病斑为近圆形褐色斑点，严重时数个病斑连在一起形成不规则的大斑；根系染病会导致根系腐烂。

（2）发病规律 病原菌既能以菌丝体在病枝、叶及穗轴等病残体中越冬，也能以分生孢子在枝蔓、芽和卷须上越冬。第二年春季，环境条件适宜时，分生孢子会借助气流、风雨等侵入寄主的伤口，引起初次侵染，以后在新病斑上

图 5-29　枝枯病为害葡萄新梢症状（左：发病初期　右：发病后期）

又形成分生孢子进行重复侵染。

枝枯病在多雨、潮湿的天气易发病；氮肥过多、枝蔓幼嫩、架面郁闭易发病；遭受雹灾或接触葡萄架钢线部分而造成的伤口处易发病。

（3）防治方法　蔓割病防治方法及要求见表 5-15。

表 5-15　蔓割病防治方法及要求

防治方法	具体要求
农业防治	秋季结合修剪，及时将病枝蔓、病果穗及病叶等清除干净，集中烧毁或深埋；夏季去除多余枝梢、卷须和叶片，保持通风透光；合理施肥、增加农家肥和钾肥用量；严格控产
化学防治	萌芽前喷施 5 波美度的石硫合剂；该病一般不需要单独使用药剂防控，在封穗前，可结合白腐病、灰霉病等进行防控；开花前后、采收后等可结合防治白腐病、炭疽病、白粉病等病害进行防治。三唑类杀菌剂、保护性杀菌剂均对枝枯病有效

3. 根癌病

根癌病别名葡萄根头癌肿病、肿瘤病，是一种细菌性病害，在世界葡萄主产区均有发生。除为害葡萄外，还为害桃、李、杏、樱桃、苹果、梨等多种果树。

（1）症状　多发生在葡萄的根、根颈和靠近地面的老蔓上。发病初期，发病部位形成大小不一的癌瘤，有的数十个瘤簇生成大瘤，严重时整个主根变成一个大瘤状。初发时稍带绿色和乳白色，质地柔软，表面光滑。随着瘤体的长大，逐渐变为深褐色，质地变硬，表面粗糙（图 5-30、图 5-31）。老熟病瘤表面龟裂，在阴雨潮湿天气易腐烂脱落，并有腥臭味。受害后病树树势弱，生长迟缓，植

图 5-30　主蔓上大小不一的癌瘤

图 5-31　主蔓基部的癌瘤

株叶小而黄，产量减少，严重时植株干枯死亡。

（2）发病规律　由土壤杆菌属细菌所引起。病菌主要在癌瘤组织的皮层内越冬，或当癌瘤组织腐烂破裂时，细菌混入土壤中越冬。条件适宜时，通过剪口、机械伤口、虫伤、雹伤以及冻伤等各种伤口侵入植株。雨水和灌溉水是该病的主要传播媒介，苗木带菌是该病远距离传播的主要方式。此外，地下害虫如蛴螬、蝼蛄和土壤线虫等在该病传播过程中也起到一定作用。细菌侵入后，刺激周围细胞加速分裂，形成肿瘤。

一般 5 月下旬开始发病，6 月下旬至 8 月为发病的高峰期，9 月以后很少形成新瘤。温度适宜、降雨多、湿度大，癌瘤的发生量也大；土质黏重、地下水位高、排水不良及碱性土壤，发病重。起苗定植时伤根、田间作业伤根以及冻害等都能助长病菌侵入，尤其冻害往往是葡萄感染根癌病的重要诱因。不同品种抗病性不同，巨峰、红提、玫瑰香、先锋等品种抗性弱，龙眼、玫瑰露等品种抗性强。

（3）防治方法　葡萄根癌病防治策略要以预防为主，防治方法及具体要求见表 5-16。

表 5-16 葡萄根癌病防治方法及要求

防治方法	具体要求
农业防治	一是清除菌源。发现病株时，先将病株上的癌瘤切除，露出无病的木质部，然后抹石硫合剂、福美双等药液，也可以用 100 倍硫酸铜消毒后再涂波尔多液，并将病残组织集中烧毁；发现病株及早挖除，并清除残根，集中烧毁；栽植新株前，把定植穴旧土换成无病、肥沃新土 二是加强管理，增强树势。如多施有机肥料，适当施用酸性肥料，改良碱性土壤，使之不利于病菌生长。农事操作时防止伤根。田间灌溉时合理安排病区和无病区排灌水的流向，以防病菌传播；平时勤松土，雨后及时排水，以降低土壤湿度
物理防治	一是苗木消毒。选择未发生过根癌病的地块做育苗圃，不要在患病园中采取插条或接穗。在苗圃或初定植园中，若发现病苗应立即拔除并挖净残根集中烧毁；不要从有根癌病的地区或苗圃引进苗木；苗木定植前用 1% 硫酸铜浸泡 5 min，再放于 2% 石灰水中浸泡 1 min，或用 3% 次氯酸钠溶液浸泡 3 min，使苗木的根系、枝蔓均匀着药，然后再进行栽种 二是土壤消毒，使用氯化苦等土壤熏蒸剂或水蒸气热力消毒等措施进行土壤消毒
生物防治	将葡萄插条或幼苗浸入 MI15 农杆菌素或 E26 放线菌稀释液中 30 min 或喷雾

七、葡萄常见的病毒病有哪些？如何进行防治？

葡萄病毒病是指由病毒和类病毒侵染引起的葡萄病害的总称。它主要随繁殖材料远距离传播扩散，一旦染病即终生受害，即使使用化学药剂也无法得到有效控制。目前，已报道的病毒病或类病毒病有 30 种，生产中分布广泛、为害严重、普遍发生的病毒病有葡萄卷叶病和葡萄扇叶病，其症状、传播途径及防治方法见表 5-17。

表 5-17 葡萄卷叶病和扇叶病症状传播途径及防治方法一览表

病毒病名称	症状	传播途径	防治方法
葡萄卷叶病	在欧亚种葡萄上症状表现明显，生长季前期无症状，果实成熟到落叶前症状明显。成龄树叶片变色反卷是该病最典型的特征。红色品种成熟叶片叶脉间先出现淡红色斑点，夏季斑点扩大、连片，致使叶脉间变成淡红色；秋季，基部病叶变成暗红色叶，仅叶脉仍为绿色。白色品种的叶片颜色会变黄而不是变红。病叶除变色外，叶变厚、变脆，叶缘下卷。病株果粒小、数量少，果穗着色浅，尤其是红色品种，染病后病穗呈黄白色，无商品价值	主要通过嫁接传染，并随繁殖材料远距离传播，也可以通过多种粉蚧等近距离传播	一是繁殖脱毒苗木，建立无毒苗木繁殖体系和检测体系；二是严格执行检疫制度，防止感毒繁殖材料和苗木向外扩散
葡萄扇叶病（葡萄侵染性衰退病）	表现畸形、黄化和镶脉三种症状。畸形是病株矮化或生长衰弱，叶片变形成扇状，不对称，呈环状或扭曲皱缩，有时出现褪绿斑驳，叶脉伸展不正常，明显向中间聚集；黄化是春季叶片出现黄色斑点、环斑或条斑，后期发展为黄绿相间花叶，至整叶变黄、变白，脱落；镶脉是在春末夏初，成熟叶沿主脉出现褪绿黄斑，后向脉间扩展成铬黄色带纹	主要通过繁殖材料远距离传播，也可以通过土壤线虫等传播扩散，如意大利剑线虫、标准剑线虫均能传播葡萄扇叶病	一是选用无病毒苗木建园，并选择无传毒媒介剑线虫的地块；二是消灭传毒的线虫，如发现病毒植株，要及时刨除烧毁，并对病株根际土壤及刀剪等工具进行消毒等

八、葡萄常见的生理性病害有哪些？如何进行防治？

1. 气灼病

气灼病别名缩果病，由水分生理失调和高温环境共同作用引起，为“生理性水分失调症”之一。

（1）症状 一般发生在幼果期，从落花后 45 d 左右至转色前均可以发生，以幼果期至封穗期发生最为严重。主要表现为果粒失水呈浅褐色病斑，下部果肉出现褐色坏死状，并且干缩、凹陷，后期病斑成为干疤，使果粒干缩。病斑常发生在果粒近果梗的基部或果面的中上部，在果粒的侧面、底部也可以发生

图 5-32 葡萄气灼病

（图 5-32）。一般靠近地面的果穗容易受害。病斑的发生部位与阳光直射无关，在棚架的遮阳面、果穗的阴面和果穗内部、下部果粒均可以发病。

（2）形成原因 气灼病主要是由于气温过高引起水分供应不足，蒸腾受阻，果面局部温度过高而引起的。其发生的轻重与特殊气候、栽培管理措施有关。土壤黏重、土壤干旱、土壤有机质含量低的葡萄园气灼病较重；种草或覆草的葡萄园和土壤有机质含量高的葡萄园气灼病较轻。阴雨过后突然放晴的闷热天气或套袋果在雨后天气突然放晴温度过高时，均易发生气灼病。夏季修剪时，摘心过重或副梢处理过重时会加重气灼病的发生。品种不同，发病程度也不同，红地球、白牛奶等品种容易发生气灼病。

（3）防治方法 葡萄气灼病防治方法及要求见表 5-18。

表 5-18 葡萄气灼病防治方法及要求

防治方法	具体要求
保证水分供应	一是注意土壤不能缺水，缺水后要及时浇水，但晴天中午不要灌溉；二是推行种草或覆草，既可以有效保持水土，又能减少地表热辐射，从而减少气灼病的发生
培养健壮、发达的根系	增施有机肥，提高土壤通透性；合理负载；采收后及时进行病虫害防治；注意根系病虫害（如线虫病、根腐病等）的防治
减少伤口、适时套袋	尽量减少果穗上和果穗周围的病虫害和机械伤口等；避开高温季节，适时进行套袋，均可以有效防止气灼病的发生
协调地上、地下的平衡关系	如果根系较弱，要减少地上部枝、叶、果的量，保持地上、地下的协调，可以减轻或避免气灼病

2. 日灼病

（1）症状 日灼病是由阳光直接照射果实造成局部细胞失水引起的一种生

图 5-33　葡萄日灼病（出现凹陷斑）

图 5-34　葡萄日灼病（果粒干枯）

理病害，主要危害果实，也危害幼嫩的果梗和穗轴。受害部位多在果穗向阳面。发病初期，果实阳面由绿色变为黄绿色，局部变白，然后出现火烧状褐色椭圆形或不规则形斑点，后形成稍凹陷的坏死斑；严重时穗梗、果梗、果粒均变干枯（图 5-33、图 5-34）。病斑初期仅发生在果实表层，内部果肉不变色。硬核期的浆果较易发生日灼病，果实着色后便较少受害。

（2）形成原因　直接原因是葡萄果实暴露于烈日强光下，果粒表面局部温度过高，水分失调而导致灼伤。红提、美人指、藤稔等粒大、皮薄的品种日灼病发病较重，而巨峰、里扎马特等品种发病较轻；篱架比棚架发生重；地下水位高、排水不良的果园发病较重；施氮肥过多的植株，叶面积大，蒸腾量大，日灼病也较重。同一品种，树势较弱、枝叶量少的植株发病重，着生在西南方向的果穗发病重。此外，负载量大的植株发病也较重。

（3）防治方法　日灼病防治方法及要求见表 5-19。

表 5-19　日灼病防治方法及要求

防治方法	具体要求
避免暴晒	注意选留果穗，避免果实直接接受日光照射。夏剪时，果穗，尤其是架面西南方向的果穗附近适当多留叶片。适当除去其他部位过多的叶片，以免叶片夺取果实中过多的水分
果穗套袋打伞	对易发生日灼的品种，应尽早进行果穗套袋或戴上纸伞（图 5-35、图 5-36）。套袋时对透气性不良的果袋可以剪去袋下方的一角，促进通气
水分管理	气温较高时，保证土壤水分供应；地势低洼的果园雨后要及时排水，防止根系受伤害，保证根系吸收水分
增施有机肥	适量增施优质有机肥，避免施用过多速效氮肥，防止徒长

3. 裂果

（1）症状　裂果主要发生在浆果成熟期，表现为果皮开裂，多从果蒂部位产生环裂、果面放射状裂纹或纵裂（图 5-37、图 5-38），影响果实外观。同时果汁外溢，引来蜂、虫、蝇集中于裂口处吸吮果汁，易造成腐烂（酸腐病），严重降低果实的商品价值。

（2）形成原因　根本原因是葡萄果实在较长时间的干旱条件下突然大量吸水，引起果实含水量急剧增加，使果实皮层细胞的体积大幅度增加，而果实表皮细胞膨大较慢造成果实内外生长失调，从而导致裂果。如果浆果排列过于紧密，果粒间相互挤压，或因果皮韧性差也会造成裂果（图 5-39）。此外，白粉病的为害、喷布乙烯利和赤霉素等激素也可以导致裂果。一般在灌溉条件差、地势低洼及土质黏重的果园，裂果发生较重。

（3）防治方法　裂果防治方法及要求见表 5-20。

图 5-35　果穗套袋

图 5-36　果穗打伞

图 5-37　果蒂部位环裂

图 5-38　果实纵裂

图 5-39　果粒挤压导致裂

表 5-20　裂果防治方法及要求

防治方法	具体要求
选择抗裂果品种	在易发生裂果的地区选择不易裂果的品种。红提、金星无核等品种不易裂果，京优、乍娜、早玉等品种易裂果
保持土壤湿度适宜	适时排灌水，使土壤内保持一定的水分，尤其注意果实发育后期水分的供求平衡与水分供应的稳定性，避免土壤内水分变化过大
合理疏穗疏粒	通过疏穗、疏粒控制负载量和果粒着生情况
加强病虫害防治	落花后科学选择农药的种类，及时防治白粉病和红蜘蛛等
合理使用激素	易裂果品种不使用乙烯利或赤霉素等激素

4. 水罐子病

水罐子病别名转色病、水红粒。

（1）症状　该病主要表现在果粒上，一般在果粒进入着色期后表现症状。发病后有色品种表现出着色不正常，色泽变淡（图 5-40）；白色品种表现为果粒呈水泡状；病果比正常果小，果肉变软，皮肉极易分离，成为一包酸水，用手轻捏，水滴成串溢出，故有“水罐子”之称（图 5-41）。病果含糖量明显降低，味酸，不可以食用。发病后果梗与果粒处容易产生分离层，极易脱粒（图 5-42）。

（2）形成原因　该病主要是由于树体营养不足和生理失调造成的。在树势弱、摘心重、负载量过多、肥料不足和有效叶面积小时，该病害容易发生；地下水位高或成熟期遇雨，尤其是高温后遇雨，田间湿度大时，此病尤为严重。不同品种表现程度不同，一般红地球、玫瑰香等品种易发生。

图 5-40　水罐子病（红色品种色泽变淡）

图 5-41　水罐子病（水滴溢出）

图 5-42　水罐子病（果粒脱落）

（3）**防治方法**　水罐子病防治方法及要求见表 5-21。

表 5-21　水罐子病防治方法及要求

防治方法	具体要求
加强土肥水管理	以有机肥为主，增施磷、钾肥和微量元素肥料，控制氮肥用量，注意勤施叶面肥（以磷酸二氢钾为主）；加强果园土壤的深翻熟化，及时中耕除草，合理灌水，保持土壤见干见湿；果实成熟期要停止追施氮肥和灌水，低洼多雨地区注意排水
合理负载	通过合理疏穗、疏粒控制负载量，增加叶果比，防止徒长，增加树体营养积累
加强病虫害防治	加强病虫害防治，保护叶片，提高树体光合效能

5. 果实大小粒

（1）**症状**　在葡萄成熟的果穗中出现许多着色或不着色的小粒果实，小粒果实一般没有商品价值（图 5-43、图 5-44）。大小粒影响果穗的整齐度，使外观品质下降，也会影响葡萄产量。

（2）**形成原因**　大小粒的形成与授粉受精不良和树体营养及生长势有密切

图 5-43　葡萄幼果时的大小粒

图 5-44　葡萄成熟时的大小粒

关系。授粉受精不良，导致果实发育受阻而形成小果。葡萄前期如生长势过强，使营养生长与生殖生长不平衡，常加重果实大小粒现象的发生。前期如施用氮肥和灌水过多，修剪不当，均易导致果实出现大小粒现象。此外，品种不同，大小粒现象也不同，如巨峰、京亚容易出现大小粒；红双味、紫珍香等一般没有大小粒现象。

（3）防治方法 果实大小粒现象防治方法及要求见表 5-22。

表 5-22 果实大小粒现象防治方法及要求

防治方法	具体要求
合理修剪、调节树势	根据品种的特性及时进行新梢摘心和副梢处理，以保证树势中庸
科学施肥灌水	控制氮肥施用量；花前或花期使用硼肥；对缺锌植株及时补充锌肥；花前控制水分供应，减少枝梢旺长
适时管理花果	及时修整果穗、掐穗尖、疏果粒等，减少营养消耗

九、葡萄主要刺吸式害虫有哪些？如何进行防治？

1. 绿盲蝽

绿盲蝽别名花叶虫。

（1）症状 以成虫、若虫（图 5-45）通过刺吸式口器吸吮葡萄幼嫩器官（包括幼芽、嫩叶、花蕾和幼果）的汁液。被害幼叶先出现坏死的小斑点，随着叶片长大，坏死点周围被拉成不规则形状的孔洞，叶面皱缩不平，形成“破烂叶”（图 5-46、图 5-47）；花序受害后，花蕾、花梗干枯脱落；幼果受害后，初期表面形成不明显的黄褐色小斑点，随果粒增大，斑点逐渐扩大，变黑，受害部位的皮下组织发育受阻，逐渐凹陷，严重时受害部位发生龟裂（图 5-48）。

图 5-45 绿盲蝽若虫

图 5-46　绿盲蝽为害幼叶

图 5-47　绿盲蝽为害后期形成破烂叶

图 5-48　绿盲蝽为害果实症状

（2）生活习性　绿盲蝽有趋嫩习性及喜在潮湿条件下发生。在北方一般一年发生 4~5 代，以卵在葡萄老皮下、附近果树和蔬菜枝叶上或浅层土壤中越冬。第二年 3—4 月，越冬卵开始孵化为若虫，待葡萄萌芽后即开始为害，5 月上中旬展叶期是为害盛期。5 月下旬至 6 月上旬幼果期开始为害果粒，气温渐高，虫口减少。8 月下旬出现第四代或第五代成虫，10 月上中旬成虫产卵越冬。

（3）防治方法　具体防治方法及要求见表 5-23。

2. 斑衣蜡蝉

斑衣蜡蝉别名椿皮蜡蝉。

（1）症状　斑衣蜡蝉为杂食性害虫，主要以成虫和若虫刺吸葡萄嫩枝和叶片的汁液。为害嫩枝时，会使枝条变黑，易发生煤污病或嫩梢萎缩畸形，影响植株的生长和发育，严重时引起表皮枯裂，甚至死亡。为害叶片后，叶片上形

表 5-23　绿盲蝽防治方法及要求

防治方法	具体要求
农业防治	北方葡萄埋土防寒前，清除枝蔓上老翘皮，剪除有卵枝条，集中烧毁；生长季和落叶后及时清除杂草，及时夏剪和摘心，消灭其中潜伏的若虫和卵
物理防治	利用绿盲蝽成虫的趋光性，每 4 hm^2 葡萄园悬挂 1 台频振式杀虫灯对其进行诱杀
化学防治	早春葡萄萌芽前，喷 1 次 3~5 波美度的石硫合剂，消灭越冬卵及初孵若虫；葡萄萌芽后和绿盲蝽发生初期，适时进行药剂防治，每 7~10 d 喷 1 次，连喷 2~3 次 可选择药剂有吡虫啉、啶虫脒、溴氰菊酯、高效氯氰菊酯等；为防止绿盲蝽相互转移为害，在抓好葡萄园防治的同时，也要做好邻近作物上虫害的防治

成淡黄色斑点，造成叶片枯黄，后变黑褐色，穿孔破裂。图 5-49 分别为斑衣蜡蝉的低龄若虫、老龄若虫和成虫。

（2）生活习性　一年发生 1 代，以卵块在葡萄枝蔓和架材上越冬。成虫和若虫均有群集性，常在嫩叶背面为害（图 5-50）。该虫弹跳力强，受惊后会跳跃逃避。一般春天葡萄花期前后孵化为若虫，6 月中旬后出现成虫，8 月中下旬交配产卵，直到 10 月下旬。

（3）防治方法　具体防治方法及要求见表 5-24。

图 5-49　斑衣蜡蝉

图 5-50　斑衣蜡蝉群集在叶背面为害叶片

表 5-24　斑衣蜡蝉防治方法及要求

防治方法	具体要求
农业防治	果园内及其附近不种植臭椿、苦楝等喜食寄主，以减少虫源
物理防治	刮除枝蔓上的越冬卵块；在产卵期，清晨气温较低时，可以人工捕捉成虫
化学防治	由于斑衣蜡蝉为零星或少量发生，不用单独防治。个别虫量较大的葡萄园，在幼虫发生盛期，可以喷施 4.5% 高效氯氰菊酯乳油或水乳剂 1 500~2 000 倍液、2.5% 高效氯氟氰菊酯乳油 1 500~2 000 倍液或 2.5% 吡虫啉可湿性粉剂 1 000~2 000 倍液

3. 葡萄瘿螨

葡萄瘿螨别名葡萄潜叶壁虱、葡萄锈壁虱、葡萄毛毡病、葡萄叶疹病。

（1）症状　为单食性害虫，只为害葡萄，为我国葡萄害螨中主要种类之一。该虫主要为害葡萄叶片，严重时也为害嫩梢、嫩果、卷须和花梗等。以成螨和若螨在叶背部位吸食汁液。初期叶面凸起，叶背产生白色斑点；随后虫斑处叶表面过度生长，形成斑块状隆起，叶背凹陷，其内产生灰白色绒毛，似毛毡，故称为毛毡病（图 5-51）。后期斑块逐渐变为茶褐色，被害叶片皱缩变硬、枯焦，致使叶片早期脱落，影响葡萄植株的营养积累，导致树体衰弱。

（2）生活习性　葡萄瘿螨在我国一年发生多代，有世代重叠现象。以孤雌生殖为主，也进行两性生殖。以成螨在葡萄芽苞鳞片内和树皮裂缝、土缝中越冬，尤以一年生枝条上的芽苞内越冬虫口最多。第二年春季葡萄萌芽时开始活动，从越冬场所转移至幼叶背面的茸毛下刺吸细胞汁液。雌螨将卵产于被害部位的茸毛间，若螨和成螨均在毛斑内取食活动。每年从 5 月开始至 9 月底整个

图 5-51　葡萄瘿螨为害叶片（左：叶片正面症状　右：叶片背面症状）

生长季节均可发生，以5—6月和9月为害严重，7—8月夏季高温多雨时虫口密度有所下降，落叶前成螨陆续潜入芽内越冬。

（3）**防治方法** 具体防治方法及要求见表5-25。

表5-25 葡萄瘿螨防治方法及要求

防治方法	具体要求
苗木及插条消毒	对可能带螨的苗木和插条，先用30~40℃热水浸泡3~5 min，再移入50 ℃热水中浸泡5~7 min，即可杀死潜伏在芽内的成螨
清洁园地	冬季修剪后将枝条、受害叶片彻底清除，集中烧毁；生长季，如发现有少量被害叶片时，应及时摘除并销毁，可有效降低虫口密度
化学防治	早春葡萄冬芽膨大至绒球期，喷施3~5波美度的石硫合剂，杀灭潜伏在芽鳞内的越冬成螨；对于历年葡萄瘿螨较重的园地，新梢长15 cm左右时喷1次药，10~15 d再喷1次 可选择的药剂有：20%四螨嗪悬浮剂1 000~1 500倍液、24%螺螨酯悬浮剂2 000倍液、20%哒螨灵可湿性粉剂1 500~2 000倍液、1.8%阿维菌素乳油3 000~4 000倍液。上述药剂交替使用。喷药时要周密均匀，使植株叶面、叶背均匀附着药液

十、咀嚼式害虫有哪些？如何进行防治？

1. 金龟子类

为害葡萄的金龟子类害虫有食叶类和食果类两类。其中，食叶类金龟子种类较多，如铜绿丽金龟；食果类以白星花金龟为主。金龟子类的幼虫统称为蛴螬。下面主要介绍白星花金龟。

白星花金龟别名白星花潜、白星花金龟子、白纹铜花金龟、铜克螂等。

（1）**症状** 通常以成虫取食葡萄的幼叶、芽、花和果实。花序受害，造成大量落花，使花序不整齐，严重时失去整个花序（图5-52）；以群集为害成熟的果实，造成果实腐烂，失去商品价值（图5-53、图5-54）。

（2）**生活习性** 一年发生1代，以幼虫在土壤内越冬。成虫于5月上旬出现，6—7月为羽化盛期，7月中旬至9月葡萄成熟时为害葡萄，9月下旬成虫因陆续入土，开始减少。成虫具有假死性、趋化性、趋腐性、群聚性，不具有趋光性。

（3）**防治方法** 具体防治方法及要求见表5-26。

图 5-52 白星花金龟为害花序（引自王忠跃《中国葡萄病虫害与综合防控技术》）

图 5-53 白星花金龟为害果实

图 5-54 白星花金龟群集为害果实

表 5-26 葡萄白星花金龟防治方法及要求

防治方法	具体要求
农业防治	清扫枯枝落叶并集中烧毁，减少其越冬场所；深翻树间园土，减少越冬虫源；葡萄套袋可以减少为害，但不能完全避免；施用腐熟的有机肥，可以减轻其对葡萄的为害；结合葡萄的整枝打杈，利用其假死性，人工进行捕杀
物理防治	在成虫发生盛期，利用糖醋液诱杀，也可利用白星花金龟的趋腐性，在发生严重的园地，放置腐烂秸秆、树叶、鸡粪等有机肥若干堆，加入100~150 g 食用醋，50 g 白酒，定期向内灌水，每 10~15 d 翻查 1 次粪堆，可捕杀大量白星花金龟成虫、幼虫和卵
化学防治	在其为害盛期，喷施 50% 辛硫磷乳油 1 000 倍液，4.5% 高效氯氰菊酯乳油 1 200~1 500 倍液，48% 毒死蜱乳油 1 500 倍液，喷药时以早晚进行效果较好，最好在药液中加入有机硅类农药助剂，以提高杀虫效果

2. 葡萄虎蛾

葡萄虎蛾别名葡萄虎斑蛾、葡萄修虎蛾、老虎虫、葡萄黏虫。

（1）症状　以幼虫取食叶片，造成缺刻或孔洞，严重时可以将叶片吃光，仅残留叶柄及叶片基部主脉，也能为害穗轴和果梗。图 5-55 为葡萄虎蛾幼虫。

图 5-55 葡萄虎蛾幼虫

（2）生活习性　在北方地区一年发生 2 代，以蛹在葡萄根部及土壤中越冬。翌年 5 月中下旬成虫羽化，6 月中下旬发生第 1 代幼虫，常将叶片咬成孔洞、缺刻或将叶片吃光。7 月中下旬幼虫老熟后入土化蛹。7 月中下旬至 8 月中旬出现第 2 代成虫，8 月中旬至 9 月中旬出现第 2 代幼虫，9 月中下旬至 10 月上旬幼虫老熟后入土化蛹越冬。

（3）防治方法 具体防治方法及要求见表 5-27。

表 5-27 葡萄虎蛾防治方法及要求

防治方法	具体要求
消灭越冬虫源	9 月下旬老熟幼虫入土化蛹，越冬前在葡萄架下铺设木板、木块等引诱化蛹。早春，在葡萄根颈附近及葡萄架下挖除越冬蛹
人工捕捉及诱杀	利用成虫的趋光性，设置黑光灯诱杀；也可以结合葡萄整枝，捕捉幼虫
化学防治	6 月下旬及 8 月下旬在虫卵孵化期，喷施氰戊杀灭菊酯、氯氟氰菊酯等高效低毒的菊酯类药剂

3. 葡萄天蛾

葡萄天蛾别名车天蛾、葡萄轮纹天蛾、豆虫。

（1）症状 主要以幼虫大量啃食叶片，将叶片吃成缺刻或孔洞。老龄幼虫可以将叶片吃光，仅剩叶柄和主脉，造成树势衰弱，影响葡萄的产量和品质。幼虫在夏季为绿色型，在秋季为褐色型。图 5-56 为葡萄天蛾幼虫。

（2）生活习性 在北方一年发生 1~2 代，以蛹在土中越冬。翌年 5 月中旬羽化为成虫，6 月上中旬进入羽化盛期。成虫白天潜伏，夜间活动，有趋光性。成虫产卵于葡萄枝条叶柄基部等处。6 月中旬见到第 1 代幼虫，幼虫白天静伏于新梢或叶柄上，夜晚取食叶片。幼虫活动迟缓。8 月上旬可以看见第 2 代幼

图 5-56 葡萄天蛾幼虫（左：夏季绿色型 右：秋季褐色型）

虫为害，多与第1代幼虫混在一起。9月下旬至10月上旬，幼虫老熟入土化蛹越冬。

（3）防治方法　具体防治方法及要求见表5-28。

表5-28　葡萄天蛾防治方法及要求

防治方法	具体要求
农业防治	冬春季节结合埋土、挖土清除越冬虫蛹
物理防治	结合夏季修剪，注意叶片有无缺刻和有无虫粪，及时发现幼虫并捕杀；利用成虫的趋光性，设置黑光灯诱杀
化学防治	于幼虫发生期喷80%敌敌畏1 500倍液、90%敌百虫1 000倍液、25%灭幼脲1 500~2 000倍液

十一、葡萄蛀干害虫有哪些？如何进行防治？

1. 葡萄透翅蛾

（1）症状　幼虫为害葡萄嫩枝及1~2年生枝蔓，初龄幼虫蛀入嫩梢，蛀食髓部，致使嫩梢枯死（图5-57）。7月中旬至9月下旬，幼虫多在2年生以上较粗的枝蔓中为害。被害茎上有蛀孔，蛀孔周围有堆积的褐色粒状虫粪。被害部肿大成瘤，形成越冬室，致使叶片发黄，果实脱落，轻者树势衰弱，产量和品质下降，重者枝蔓枯死，甚至全株死亡。

（2）生活习性　每年发生1代，10月以后以老熟幼虫在被害枝蔓中越冬。春季萌芽后幼虫在枝蔓内做茧化蛹。成虫白天羽化，有趋光性，夜间活动和交尾，卵多散产于新梢上，着生于叶片、叶腋、嫩芽、果穗、果粒、卷须等处，以叶片和叶腋处最多。幼虫孵化后，从腋芽、叶柄、穗轴或卷须基部蛀入幼茎中为害，蛀空幼茎后，转

图5-57　透翅蛾为害葡萄嫩梢（引自王忠跃《葡萄健康栽培与病虫害防控》）

入粗茎为害，被害处常膨大如瘤，蛀孔外堆有大量虫粪。

（3）防治方法 具体防治方法及要求见表 5-29。

表 5-29 葡萄透翅蛾防治方法及要求

防治方法	具体要求
农业防治	加强土肥水管理、合理修剪，保持树体良好的通风透光条件；葡萄生长季节，如发现节间紫红色的先端嫩梢枯死或叶片凋萎或带有虫粪的枝蔓，应立即剪掉；结合冬季修剪，剪除被害枯蔓，及时烧毁，消灭越冬幼虫
化学防治	当发现粗枝有蛀孔时，可以用 80% 敌敌畏乳油 100 倍液注入孔内，然后用黄泥封闭虫孔，以熏杀蛀孔内的幼虫；也可以用毛刷蘸取 2.5% 敌百虫乳油 500 倍液环状涂抹在排粪孔或出屑部位，一般涂抹 2~3 次。在成虫发生期和幼虫孵化期，及时喷施 20% 氰戊菊酯乳油 3 000 倍液，或 2.5% 高效氯氰菊酯乳油 3 000 倍液，或 50% 辛硫磷乳油 1 500 倍液杀死成虫和初孵幼虫

2. 葡萄虎天牛

葡萄虎天牛别名葡萄天牛、葡萄枝天牛（图 5-58）。

（1）症状 主要以幼虫在枝蔓内蛀食为害，初龄幼虫在表皮下纵行蛀食，被害枝蔓的表皮稍隆起变黑，虫粪充满虫道，不排出枝外，致使枝梢枯萎。幼虫蛀入木质部后，常将枝条横向切断，使枝条枯死，遇风易折断。

图 5-58 葡萄虎天牛
（引自王忠跃《中国葡萄病虫害与综合防控技术》）

（2）生活习性 每年发生 1 代，以初龄幼虫在寄主枝条内越冬。第二年 5 月中旬开始活动，为害枝条，随龄期增大，会把枝条蛀空，有时将枝条横向蛀断，使枝条枯死。7 月左右幼虫老熟，在接近断口处化蛹。8 月羽化为成虫，在芽鳞缝隙内、芽腋或叶腋缝隙处产卵，经 5~6 d 孵化为幼虫，由芽处蛀入茎内，粪便排在枝内，落叶后会在节的附近发现被害处表皮变黑。

（3）**防治方法** 防治方法及要求见表 5-30。

表 5-30 葡萄虎天牛防治方法及要求

防治方法	具体要求
农业防治	结合冬季修剪，剪除节附近表皮变黑的枝条，集中烧毁。春季萌芽期及时剪除枝蔓不萌芽或萌芽后萎缩的枝条（这类枝条多数为虫枝）。生长期发现受害枝蔓要及时剪除并深埋，或用铁丝插入蛀孔内刺杀幼虫；葡萄虎天牛成虫迁飞能力弱，可在 8—9 月早晨露水未干前人工捕捉成虫
化学防治	8 月成虫羽化期，可用敌敌畏、辛硫磷等喷雾；葡萄采收后，喷施内吸性杀虫剂，也可用 80% 敌敌畏乳油 100 倍液注入孔内，并用黄泥堵塞，以熏杀蛀孔内幼虫

十二、葡萄根部害虫有哪些？如何进行防治？

1. 葡萄根瘤蚜

葡萄根瘤蚜为单食性害虫，仅为害葡萄属植物，分为根瘤型根瘤蚜和叶瘿型根瘤蚜两类。我国主要为根瘤型根瘤蚜。不同葡萄种类对葡萄根瘤蚜的耐性或抗性不同，一般欧亚种抗叶瘿型葡萄根瘤蚜，对根瘤型根瘤蚜较敏感；美洲葡萄抗根瘤型葡萄根瘤蚜，而对叶瘿型根瘤蚜无抗性。

（1）**症状** 葡萄根瘤蚜侵染葡萄根系后，须根被害后肿胀，形成菱形或鸟头状根瘤，称为根结，虫子多在凹陷的一侧（虫子在根瘤外部）；粗根被害后形成节结状的肿瘤，虫子多在根瘤缝隙处（图 5-59）。根瘤蚜为害根系后，影

图 5-59 葡萄根瘤蚜为害症状（引自王忠跃《葡萄健康栽培与病虫害防控》）

响根系对水分和养分的吸收、运输，从而导致枝条生长量减少，新根活力弱，叶片变黄，树势衰弱，影响产量和品质。

（2）生活习性 根瘤型根瘤蚜一年发生 5~9 代，以若蚜和卵在葡萄根际越冬。越冬若蚜第二年春季温度达 13℃时开始活动，一般上层土壤中的若虫活动早于下层土壤中的若虫。越冬若虫在其越冬处取食，到了成蚜状态时仍在原地产卵，多数在夏季或秋季发生迁移。1 龄若虫为害新根形成根结，另一部分卵孵化的若虫为害老根形成根瘤。从 2 龄开始，若虫在取食位点固定取食，经过 4 次蜕皮进入成虫阶段。葡萄根瘤蚜可从地下爬出，借助风、水、人、耕作工具及其他工具等携带或爬行而迁移到新的葡萄植株上进行传播。不同的土壤结构，根瘤蚜的爬行或迁移能力不同，如成块的土壤土裂缝较大，利于其移动，而散粒的沙地，其迁移则较难。

（3）防治方法 具体防治方法及要求见表 5-31。

表 5-31 葡萄根瘤蚜防治方法及要求

防治方法	具体要求
植物检疫	一是对苗木产地和苗木进行检疫，对已经发生疫情的地区或区域不允许进行苗木流通；在苗木和种条调运前要进行检疫，根系有症状的，禁止调运；二是对苗木、种条调运前要进行消毒处理，可选择氯化苦熏蒸处理（1 m 苗木用 30 g 左右氯化苦熏蒸 3~5 h）、温水处理（将苗木放入 40~50 ℃温水中浸泡 10 min 后再放入 52~54 ℃温水中浸泡 5 min）、辛硫磷处理（将苗木用 50% 辛硫磷乳油 800 倍液浸泡 15 min）等
农业防治	由于沙土地葡萄不宜感染根瘤蚜，因此可选择沙土地建立苗圃，生产无虫种苗；对于黏土或壤土，可以进行改良土壤或进行沙地栽培
化学防治	目前用化学药剂防治根瘤型根瘤蚜还未见成功案例，主要是使用化学农药临时性压低种群数量，方法是：在 4—5 月及 9—10 月葡萄根系快速生长期之前进行土壤翻耕，然后泼浇 50% 辛硫磷乳油 500 倍液或啶虫咪 1 500 倍液，每个时期可用药 1~2 次，间隔期 10~15 d

2. 葡萄根结线虫

根结线虫是一类高度专化的内寄生植物线虫，目前已知的有 90 余种。在我国中部和北部葡萄产区普遍发生。

（1）症状 沙地土壤中，根结线虫的为害非常严重。根结线虫为害葡萄植株后，会引起枯株初生根和次生根膨大及形成根结。单条线虫引起的根瘤较小，多条线虫侵染后会使根结变大。严重侵染时可使所有吸收根死亡，影响根系吸收功能。地上部的叶片不表现特殊症状，整体表现是葡萄植株生长势衰弱，严重时矮化、萎蔫。根结线虫在土壤中呈斑块状分布，发病葡萄植株的生长势在田间也呈斑块状分布。

（2）生活习性 1 龄幼虫在卵内发育，蜕皮后为 2 龄幼虫，侵染葡萄根系组织的为 2 龄幼虫。2 龄幼虫从卵壳内孵出，侵入到根皮层，进入维管束组织固定取食。根系组织受侵染诱导后形成巨型细胞，幼虫从巨型细胞中获得自身发育所需的营养后，就固定在该部位，开始生活循环。2 龄幼虫经 2 次蜕皮发育成 4 龄幼虫，性成熟后即为成虫。雄成虫回到土壤中，雌成虫产卵繁殖后代。

（3）防治方法 葡萄一旦感染根结线虫病害，很难根除，所以要以预防为主。具体预防方法及要求见表 5-32。

表 5-32　葡萄根结线虫预防方法及要求

预防方法	具体要求
苗木检验和处理	一是对调运的苗木要仔细检查，发现严重的带病苗木，要进行销毁；二是对轻微发病的苗木进行严格的消毒处理，如用 50~54 ℃温水处理 10 min，可较好地根除根结线虫；三是避免引进和使用带土壤的苗木，如根部土壤不能去除，可用克线磷等对根部土壤处理 24 h 后，再进行栽植
使用抗性砧木	在根结线虫多发地区，选用抗线虫砧木，如 SO4、5BB、1103P 等进行嫁接栽培，是预防葡萄根结线虫病的最安全有效的途径
生物制剂灌根	对已经感染根结线虫的葡萄园，可用淡紫拟青霉菌剂或厚孢轮枝菌剂等微生物菌剂进行灌根处理
土壤熏蒸处理	葡萄栽种前，利用土壤熏蒸剂，如棉隆、硫酰氟等对土壤进行熏蒸处理

第六章

Chapter 6

鲜食葡萄周年管理关键技术

一、葡萄萌芽前管理的关键任务有哪些？

1. 出土上架

1）出土

北方冬季埋土防寒地区，在葡萄芽眼膨大之前，必须及时去除防寒土，并修整好畦面，将葡萄枝蔓引缚上架，以保证葡萄正常生长。

（1）出土时期 不同地区的气候条件存在着差异，出土时间会略有不同。确定葡萄出土的依据是春季气温达 10℃，葡萄根系层土温稳定在 8℃以上。生产上一般用当地的山桃初花期或杏栽培品种的花蕾显著膨大期作为葡萄出土的适宜时期。此外，不同种类的葡萄出土时间略有不同，美洲种、欧美杂交种葡萄的芽眼萌动较欧洲种葡萄略早，因此出土日期应相应提早 4~5 d。

【出土过早或过晚的弊端】

出土过早，葡萄根系尚未活动，树体容易遭受晚霜危害，枝芽容易被抽干；出土过晚，土壤温度上升，会导致芽在土壤中萌发，出土上架时容易碰伤、碰断，或因芽已经发黄，出土上架后易受风吹日灼之害（图 6-1），造成“瞎眼”及树体损伤，影响产量。

（2）出土方法 葡萄出土的方法有两种，一种是采用葡萄清土机和人工相结合的方法，另一种是人工出土。

由于我国地形、葡萄种植模式、埋土方式和各地区葡萄园土壤质地的不同，葡萄清土作业机械目前不具有通用性，多为各地区依据当地葡萄种植模

图 6-1 出土过晚芽萌发状态（左：芽萌发变黄 右：上架后受日灼危害）

式及埋土方式自行研制。总体来说，西北地区较华北地区和东北地区清土机械种类多一些，清土效果要好一些。目前，依据其清土原理的不同分为以下几种：一是刮板式清土机，如宁夏工商职业技术学院曾保宁等研制的适合宁夏葡萄种植模式的葡萄起藤机、新疆焉耆县望中酒业研制的一种侧边作业的挖藤机和天津汉沽农机中心研制的葡萄刨藤机；二是叶轮或刷子旋转式扫土机，如贾树清设计的一种刨藤旋土轮、陈万才等发明的一种葡萄埋藤清土机；三是搅龙螺旋式清土机，如龙口市葡萄种植户王祖海发明的一种与手扶拖拉机配套使用的小型葡萄藤清土机、中国农业机械化科学研究院刘芳建等研制的自动避障葡萄藤扒土机、中国农业科学院果树研究所杨殿琪研制的带有刨土刷的搅龙螺旋式葡萄埋藤清土机、山东省高密益丰机械厂研制的一种搅龙螺旋式防寒土清除机；四是回收彩条布式清土机，如甘肃农业大学谢冬研制的适合河西地区的葡萄藤清土机、新疆农业大学刘松研制的圆锥螺旋式入春葡萄挖藤机。

目前，我国北方大部分地区还是以人工撤土为主。撤土时一般先从两侧开始，先去除覆盖的表土，然后去除枝蔓上的覆盖物，直至露出葡萄枝蔓，最后再把畦子内、主蔓基部的松土清理干净，并对行间进行平整（图 6-2、图 6-3）。覆盖物要及时晾晒，堆放整齐，以备第二年继续使用（图 6-4、图 6-5）。

图 6-2　人工撤土

图 6-3　人工撤土后状态

图 6-4　晾晒草苫

图 6-5　堆放草苫

撤土时要少伤枝蔓，减少流出伤流液，减轻对树体生长发育的影响。

【北方葡萄春季清土作业的建议】

由于北方葡萄清土工作的时间跨度短、任务量大、劳动强度高、作业效率低，因此需要进一步研究清土机械的普适性。马帅等建议要考虑农机与农艺的融合。一是尽量统一葡萄冬季埋土的深度和覆土的厚度，对于气候条件独特的地区，可加大对挖土深度调节、挖土回填以及减少损伤率等适应性方面的研究和设计，以研发出适用性更强的新机具；二是由于现有的葡萄清土机多为接触式的，作业部件离葡萄植株太近易损伤葡萄枝蔓，离太远则清土不干净，建议采用非接触式作业部件，如气吹或气吸式，利用足够大的气体正压或负压进行清土。

图 6-6　上架过晚枝蔓一侧发枝

2）上架

（1）上架时期　盛果期葡萄清土后应抓紧上架，以防上架过晚芽眼萌发碰掉芽体。切忌不要把葡萄枝蔓放在地上待新梢生长到一定长度后再上架，这样会由于背上优势的原因致使一侧发枝，另一侧不发枝，最终导致上架后新梢分布不均匀（图 6-6）；幼龄植株，清土后可以将枝蔓在地上先放几天，待芽眼萌动时再进行上架（图 6-7），以使芽眼萌发整齐，避免造成中下部光秃。图 6-8 为幼龄植株早上架导致枝蔓中下部出现光秃状态。

（2）上架方法　上架时将葡萄枝蔓按上一年的

图 6-7　幼龄植株放置后芽眼萌动状态

图 6-8　幼龄植株枝蔓中下部光秃

方向和倾斜度引缚上架。棚架由于葡萄枝蔓较长，上架时 2~3 人一组，逐蔓放到架面上，并使枝蔓在架面上均匀分布（图 6-9）。篱架枝蔓较短，上架较容易。上架时注意要轻拿轻放，以免损伤芽眼，并且不要弄断多年生老蔓，否则不仅影响产量，更新也困难。

3）绑缚

（1）绑缚时间　上架后要及时把枝蔓固定在钢线上。埋土防寒地区葡萄春季上架后即可进行绑缚，不埋土防寒地区在葡萄冬季修剪后到萌芽前均可以进行，但由于春季萌芽前枝蔓较柔软，利于绑缚，所以建议在春季萌芽前进行为好。

（2）绑缚材料　生产中葡萄绑缚的材料有塑料绳、马蔺、布条（图 6-10）、稻草（图 6-11）、地膜（图 6-12）、麻绳、草绳和绑枝卡（图 6-13）等。

（3）绑缚方法　通常采用猪蹄扣或其他方式进行绑缚。绑缚时注意上提主蔓，同时使枝蔓不要直接紧靠钢线，以免磨伤枝蔓。辽宁省部分葡萄产区

图 6-9　葡萄上架（左：2~3 人配合上架　右：葡萄上架后状态）

图 6-10　裁剪后的布条

图 6-11　稻草绑缚

图 6-12　地膜绑缚

图 6-13　绑枝卡绑缚

利用草绳、布条或塑料绳进行引绑（图 6-14），效果较好。引绊既固定了主蔓，还避免了摩擦损伤树皮，在生产中得到了广泛应用。方法是：在主要横线上拉细草绳或布条作垫，引缚时绳索先固定在铁丝上，然后用环扣引缚枝蔓。环扣不能绑紧，要留有空隙，以利于枝蔓加粗生长时不至于绞缢。

二维码
葡萄出土上架

（4）注意事项　一是绑缚材料要求柔软，经风、雨侵蚀在 1 年内不断为好。二是绑缚时按照枝蔓在空间的分布要求进行，注意将各主蔓尽量按原来生长方向拉直，相互不要交错纠缠，并在关键部位绑缚于架面上。

4）修树盘

葡萄出土上架后及时耙平行间空地，以方便后续操作管理，同时做好畦梗，修整好畦面（图 6-15）。

图 6-14　引绑葡萄主蔓（左：草绳引绑　右：布条引绑）

图 6-15　修树盘（左：耙平行间空地　右：做畦梗）

2. 扒老皮、刮癌瘤

1）扒老皮

多年生的葡萄枝蔓上，每年都会形成一层死皮，在枝蔓表面翘起，是病菌和虫卵的越冬场所。因此，为消灭病菌和虫卵越冬的场所，葡萄出土上架后，要及时刮除枝蔓老翘皮，并集中烧毁。注意刮树皮时不要用力太重，以免伤及枝干的韧皮部。

2）刮癌瘤

对于地上部感染根瘤的植株，结合扒老皮，及时刮除老蔓上的癌瘤，将病体收集好后带出园外烧毁。刮后的伤口用 100 倍的硫酸铜或 5 波美度的石硫合剂进行涂抹消毒。

图 6-16 处于绒球期的葡萄芽眼

3. 喷施保护剂

（1）作用 葡萄出土后至萌芽前，对树体喷施保护剂，可以大大减少越冬病菌和害虫的数量，是全年病虫害防治中的重要内容。

（2）预防对象 葡萄萌芽前防治的重要病害有白粉病、毛毡病、白腐病、溃疡病；虫害有绿盲蝽、叶蝉、蚧壳虫、红蜘蛛类等。

（3）时间和药剂 葡萄出土后至萌芽前均可以喷施，但以葡萄芽眼处于绒球期，喷施效果最佳（图 6-16）。春季萌芽前后雨水较少的地区，可以选择喷施 3~5 波美度的石硫合剂或 95% 精品索利巴尔 150~200 倍液。萌芽前后雨水较多的地区，尤其是萌芽前后枝蔓较长时间处于湿润状态的葡萄园，选择喷施 1：0.7：100 倍波尔多液或 80% 波尔多液可湿性粉剂 200~300 倍液。

（4）喷施方法 北方埋土防寒地区建议在葡萄上架后，对枝蔓、芽、树干周围的地表及架材等均匀喷施药剂（图 6-17）。

（5）注意事项 喷施药剂注意事项：一是注意时间，当透过绒毛看到绿色叶尖时，要停止用药，以防止出现药害。二是注意上架后喷施药剂的防病效果要明显好于上架前在地面直接喷施的效果。因为上架前喷药，靠近地面一侧的枝蔓喷药不均匀（图 6-18）。

4. 施肥和灌水

（1）原因和作用 早春葡萄吸收根发生较少，吸收能力较差，主要消耗树体内的贮藏营养。而此时枝叶等营养器官还未进入生长阶段，此期一过，营养器官的生长速度开始加快，如果肥料不足，会直接影响树体的整个生长

图 6-17　上架后喷施石硫合剂

图 6-18　上架前喷施石硫合剂

发育过程，因此芽眼萌动前要追施一次以氮肥为主的速效性肥料。此次追肥对葡萄的花芽继续分化、芽眼的正常萌发和新梢的迅速生长都十分关键。

（2）施肥种类和用量　一般盛果期葡萄树每亩施入尿素 20~25 kg，配合少量的磷、钾肥，使用量占全年的 10 %~15 %。

（3）施肥方法　追肥可采用沟施或穴施（图 6-19）。生产中可根据树龄大小确定追肥的位置。幼树追肥，一般离树体 30 cm 左右开沟，盛果期树一般离植株 50 cm 左右开沟，深度为 15 cm 即可。为提高工作效率，可使用施肥叉施肥（图 6-20），也可以使用施肥枪施肥。施肥后覆土盖严，

图 6-19　萌芽前追肥（穴施）

并浇一遍萌芽水。

（4）注意事项　为防止葡萄枝条徒长，引起大量的落花落果，对于秋季已经施用有机肥的巨峰系葡萄园，萌芽前可以不追肥。上年秋季没有施用有机肥的葡萄园，可以结合葡萄植株出土上架及时补施腐熟的有机肥（图 6-21）。每亩施农家肥 4 000~5 000 kg，拌入过磷酸钙或钙镁硅肥，采用条沟施或穴施均可。施入的钙镁硅肥要与有机肥充分搅拌，以利植物吸收。施肥后浇一次水。

图 6-20　施肥叉施肥（左：施肥叉　右：施肥叉施肥）

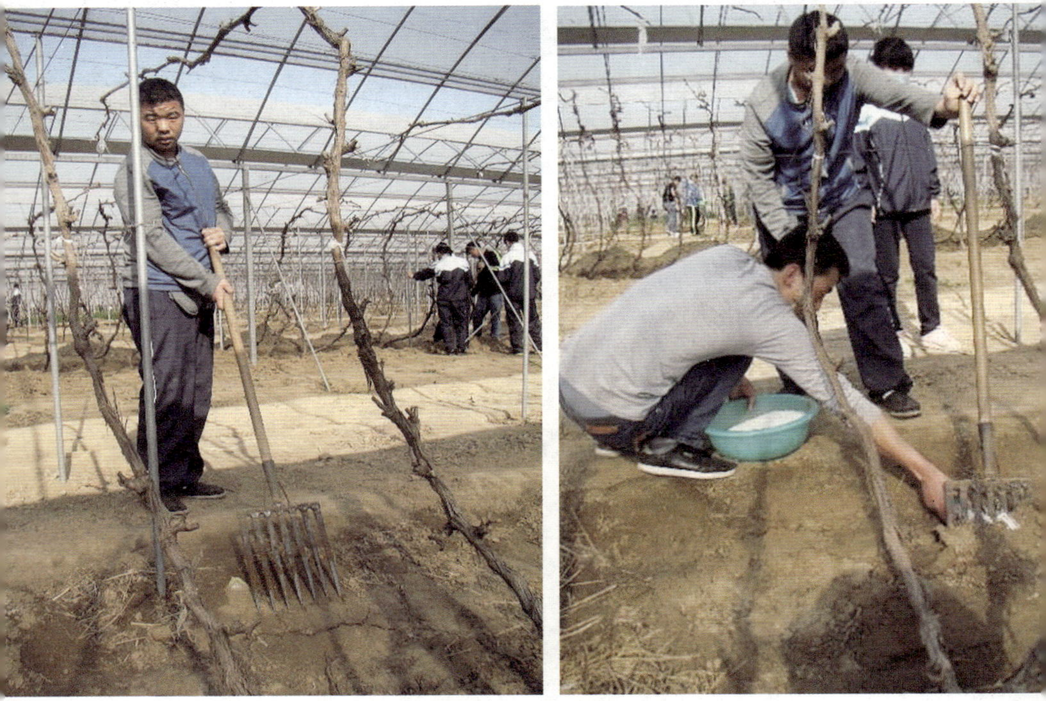

图 6-21　春季补施农家肥和钙镁硅肥（左：施农家肥　右：施钙镁硅肥）

5. 使用单氰胺

对于南方低温量少，葡萄萌芽不整齐的地区，在萌芽前用20~30倍50%的单氰胺水溶液（简称荣芽）涂抹葡萄的芽眼，不仅能使葡萄早萌芽，早开花，早成熟，芽齐、芽壮，还能促进葡萄的花芽分化。

知识窗　葡萄伤流知多少

早春当土壤温度稳定在6~10 ℃时，树液就开始流动，这时枝蔓上如果有新的伤口，就会流出透明的树液，这种现象称为伤流（图6-22）。伤流意味着根系开始能从土壤中吸收水分和养分，当冬芽萌动后，伤流即停止。

从春天树液流动到冬芽萌动所经历的时间称为伤流期。伤流时间的早晚，因葡萄种类不同而异。一般山葡萄种在地温4~5 ℃时根系开始吸收水分，欧美杂交种、欧亚种分别在地温6~7 ℃、7~8 ℃时根系开始吸收水分。整个伤流期的长短，由当年气候条件和品种而定，一般为7~10 d。据分析，每升伤流液中含干物质1~2 g，其中60%左右是糖和氮化合物，还含有钾、钙、磷等矿物质。大量的伤流会明显地削弱树势，降低光合效能，影响花芽的继续分化和当年的产量，因此应尽量避免发生伤流。

图6-22　葡萄伤流

二、葡萄萌芽后至开花前管理的关键任务有哪些？

1. 抹芽与疏梢

抹芽与疏梢的目的是调整新梢生长方向和植株体内营养分配，减少营养消耗，使树体发芽整齐、生长健壮、花序发育完全、新梢生长一致、枝条分布合理、架面通风透光。

1）抹芽

（1）抹芽概念　抹芽是指芽已经萌动但尚未展叶时，对葡萄芽的优劣进行选择，留下健壮、位置好的芽，去掉多余的芽或劣质芽。

图 6-23　葡萄抹芽（左：抹除瘦弱芽　右：抹芽后状态）

（2）抹芽目的　减少树体营养消耗，使保留下的幼芽能获得充足的营养物质，以利于优质丰产。

（3）抹芽时间　由于春季葡萄芽眼萌发的时间前后不一致，因此抹芽一般分两次进行。第一次是在萌芽初期，第二次是在第一次抹芽 10 d 以后进行，此时已经能清楚地看出萌芽的整齐度。抹芽选择在阴天或晴天最好是喷药之前为宜，雨天不宜进行。

（4）抹芽方法　第一次抹芽是抹除主干基部的芽、发育不良的劣质芽、三生芽和双生芽中的瘦弱芽（图 6-23）。第二次抹芽是根据空间的大小和需枝的情况，抹除萌发较晚的弱芽、无生长空间的夹枝芽、靠近母枝基部的瘦弱芽和生长部位不当的不定芽等。

（5）注意事项　一是抹芽时间和数量不能一概而论，要根据品种特点、树势、修剪方式、计划产量等确定。一般树势强的抹芽宜晚，抹芽数量要少，以分散养分，削弱树势，如美人指、红地球等品种，一般留芽量比计划要多 30%；树势弱的抹芽宜早，抹芽数量宜多，以集中养分，如维多利亚品种，一般留芽量比计划多20%即可。二是冬剪时如果采用短梢和极短梢修剪的树，抹芽宜少，采用长梢修剪的树可多抹芽。三是芽量不足的部位可适当保留双芽。

2）疏梢

（1）疏梢概念　疏梢是指展叶后对新梢进行选择去留。它是在抹芽基础上调整留枝密度的一项重要工作，决定了植株的枝梢布局、果枝比和葡萄产量，使架面上达到合理的留梢密度。

（2）疏梢时间　一般展叶后即可进行，当新梢长到 15~20 cm，能够看到花序时进行定梢（图 6-24）。

（3）疏梢方法　选留带有花序、靠近主蔓、健壮的新梢，除去位置不当的新梢或过密梢和弱梢（图 6-25、图 6-26）。生长势强的品种，棚架每米 ^{2} 架面留梢 8~10 个，篱架每米 ^{2} 架面留梢 10~13 个。生长势中庸品种，棚架每米 ^{2} 架面留梢 12~15 个，篱架每米 ^{2} 架面留梢 15~20 个。生长势弱的品种每米 ^{2} 架面留梢 20~25 个。架面的不同部位疏梢数量也应不同，枝条密处要多疏，稀处少疏；下部架面多疏，上部架面少疏。强结果母枝上可以多留新梢，弱结果母枝上则少留；有空间处多留，无空间处少留。

（4）疏梢原则 疏梢时要遵循“五留”和“五不留”的原则，即留早不留晚（留下早萌发的壮芽，去除晚萌发的弱芽）、留肥不留瘦（留下胖芽和壮梢，去除弱芽和细弱新梢）、留花不留空（留下有花序的新梢，去除无花序的新梢）、留下不留上（留下靠近母枝基部的新梢，去除离母枝基部较远的新梢），留顺不留夹（留下有生长空间的新梢，去除无生长空间的新梢）。

图 6-24 看到花序后定梢

图 6-25 葡萄疏梢操作（左：疏除过密梢 右：疏除过弱梢）

图 6-26 葡萄疏梢前后对比（左：疏梢前状态 右：疏梢后状态）

二维码
葡萄定枝

（5）注意事项　一是疏梢时，对巨峰、峰后、藤稔等坐果率低的大叶型品种应适当少留梢，对红提、晚无核等坐果率高的小叶型品种及容易发生日灼的品种可以适当多留梢。二是采用龙干形整形的葡萄，疏梢时要综合考虑上下左右的发梢情况，如果主蔓上较长距离无新梢，可以在相邻的位置多保留 1~2 个新梢；三是春季风大的地区，定梢时间可以适当延后，当新梢能引缚在钢线上之后再进行，这可以避免定梢后遭遇风害造成损失。

知识窗　葡萄芽的种类知多少

葡萄新梢的叶腋内有冬芽和夏芽两种芽（图 6-27）。冬芽在形成的当年一般不萌发，但在主梢摘心过重、副梢全部抹去、芽眼附近伤口较大时也可以当年萌发。

冬芽又称为芽眼，外被鳞片，正中央有一个主芽，周围有 2~8 个副芽（预备芽）。其中，主芽比副芽分化深，发育好。多数品种春季冬芽内的主芽先萌发，副芽则很少萌发（图 6-28）；也有的品种，在一个冬芽内，主芽和 1~2 个副芽同时萌发，形成双芽、三芽并生，有时甚至一个节位可以形成 6 个芽（图 6-29 至图 6-31）。

夏芽为裸芽，紧靠冬芽旁边，不能越冬。春季随着新梢的生长，叶腋中的夏芽即萌发抽生夏芽副梢。对于夏芽副梢结实力较强的品种，如玫瑰香、巨峰等，在气候适宜、生长期较长的地区，可以利用夏芽副梢进行二次或三次结果。夏芽抽生的副梢每节也都能形成冬芽和夏芽，副梢上的夏芽也同样能萌发成二次副梢（图 6-32），二次副梢上又能抽生三次副梢，这是葡萄枝梢一年可以多次生长、多次结果的原因。

图 6-27　葡萄的冬芽和夏芽

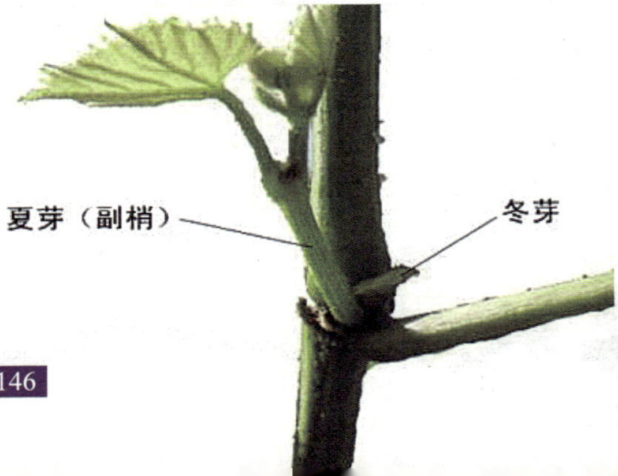

图 6-28　主芽萌发

图 6-29　双生芽（1 主芽 1 副芽萌发）

图 6-30　三生芽（1 主芽 2 副芽萌发）

图 6-31　六生芽（1 主芽 5 副芽萌发）

图 6-32　夏芽二次副梢

2. 疏花序

（1）目的　疏花序可以使树体营养集中，负载量合理，坐果率提高，果穗紧凑，果个增大，果粒大小均匀，着色一致。

（2）时间　在新梢长度大于 20 cm，花序露出后开始疏花序，到始花期完成。

（3）留花序数量　根据品种、树龄、树势确定单位面积产量指标，把产量分配到单株葡萄上，然后进行疏花序。中、大穗和大粒型的鲜食品种，原则上壮梢留 1~2 个花序，中庸梢留 1 个花序（图 6-33），延长梢及细弱梢不留花序；对玫瑰露等穗形较小的品种，每梢可保留 2 个花序。

（4）方法　一般疏掉发育较差的小、弱、畸形花序，保留大而充实的花序。

（5）注意事项　对于红地球等生长势较弱、坐果较好的品种以及辽峰等进行无核化处理的葡萄，原则上要早疏花序，以节省营养，一般在能明显辨别花序的多少和大小时即可以进行；而对于巨峰系品种、玫瑰香等生长强旺、落花落果严重的品种，为避免增强树势，可以在花序分离后能清楚看出花序形状和

图 6-33 疏花序

花蕾多少时进行。

3. 花序整形

（1）目的 为了保证鲜食葡萄果穗顺直、穗形整齐美观、果粒大小均匀，同时减少养分消耗，促进花蕾发育，减少落花落果，要对花序进行整形。

（2）整形方式 葡萄花序整形方式有多种，如“掐穗尖、去副穗、去分枝法”“隔二疏一法”“留穗尖法”“去穗尖法”“剪短分枝法”等。不同地区、不同品种、不同结实方式采用的整形方式略有不同，常用的有“掐

二维码
葡萄疏花序

图 6-34 结果枝上着生 4 个花序

知识窗 葡萄的花序

葡萄的花芽萌发后抽生结果枝，每个结果枝着生 1~4 个花序（图 6-34），花序多数位于结果枝的第 3~7 节。结果枝平均着生的果穗数称为结果系数。葡萄的花序为复总状花序或圆锥花序，花序由花序梗、花序轴和花蕾组成。花序形成的质量与营养条件有关，肥水充足时花序发育完全，花蕾多（图 6-35）；肥水差时花序发育不完全，花序小，花蕾少，有的带有卷须（图 6-36）。发育完全的花序由 200~1 500 朵花组成。每朵花由花梗、花托、萼片、花冠、雄蕊和雌蕊组成。花冠呈帽状。

图 6-35　发育完全的花序

图 6-36　发育不完全的花序

穗尖、去副穗、去分枝法”和“留穗尖法”。

（3）整形时间　有核结实的葡萄花序整形一般在开花前 5~7 d 进行；对于坐果率较高、穗形要求松散的品种，如红提等，可以推迟至谢花后进行；进行无核化处理的葡萄，品种不同处理时间也略有不同。如辽峰，花序整形一般在花序分离期即可进行；阳光玫瑰，一般在开花前 2~3 d 至始花期进行。

（4）整形工具　生产中花序整形一般采用疏果剪或手掐的方法，也可以用花序整形器提高工效（图 6-37）。据统计，使用疏果剪或手掐进行花穗整形的平均用时为 25 s/ 穗，使用花序整形器平均用时为 9 s/ 穗，但花序整形器比较昂贵，且经常出现刀头变钝、折断花序等情况。中国农业科学院郑州果树研究所程大伟等发明了“捋花序法”，用时仅 3 s/ 穗，大大提高了工效。

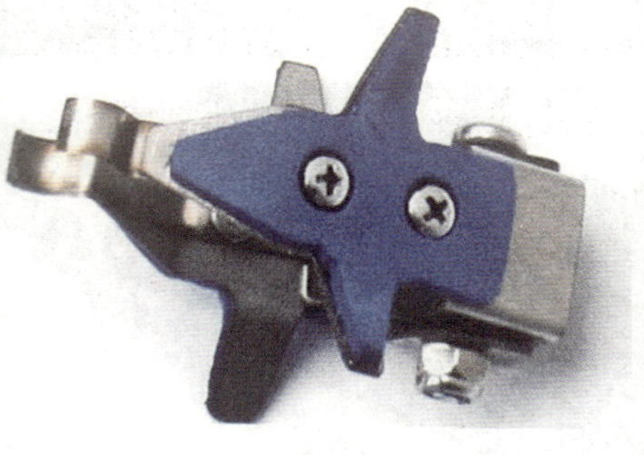

图 6-37　花序整形器（引自王忠跃《葡萄健康栽培与病虫害防控》）

（5）整形方法　“掐穗尖、去副穗、去分枝法”适用于有核结实的葡萄，方法是先将大中型花序的穗尖掐去全长的 1/5~1/4（图 6-38），去掉影响穗形的副穗（图 6-39），对于花序肩部较大的分枝，如果影响穗形，可疏除，也可以将其尖端掐去一部分（图 6-40、图 6-41）。其他小分枝如扰乱穗形，也可将其尖端掐去一部分，只留基部的小花，使果穗自上至下呈圆锥形或圆柱形，穗轴长度保持在 9~10 cm，均匀分布 12~15 个小花序。

二维码
葡萄花序整形

“留穗尖法”适用的品种较广，既适用于无核品种和有核品种，还适用于无核化处理的葡萄。不同品种保留穗尖的长度不同（图 6-42）。建议红宝石无核葡萄一般在谢花时穗尖保留 14 cm；红地球、圣诞玫瑰等品种在谢花时穗尖保留 12 cm；夏黑、8611 等品种在见花前 2~3 d 至始花期保穗留尖 7 cm；巨峰系品种，如巨峰、京亚、藤稔、辽峰等品种的无核、保果处理，建议在见花前 2~3 d 至始花期保穗留尖 5 cm；阳光玫瑰无核化时，建议在见花前 2~3 d 至始花期保留穗尖 6~7 cm。应用此种方法时，建议不要掐掉穗尖的先端，否则会影响花序的伸长，可以在果实达绿豆粒大小疏果时再定穗长、去穗尖。为了提高工作效率，留穗尖可以采用“捋花序法”，即根据各品种定好的穗尖长度，操作者事先测量自己的各个手指长度、指关节长度，操作时直接伸手定长，用手捋

图 6-38　掐穗尖

图 6-39　去副穗

图 6-40　花序过长分枝处理前状态

图 6-41　花序过长分枝处理后状态

掉上部多余分枝（图 6-43）。捋花序技术使用的最佳时间为见花前 2~3 d 至始花期，此时葡萄花穗的分枝梗变脆，极易捋掉。如果捋花序过早，穗轴和果梗会产生扯皮、有伤口，甚至折断等问题，容易造成病害感染，穗轴变褐、木质化。

（6）注意事项　一是花序整形可以提高坐果率，整形时间越早，果穗坐果越紧；花序保留越短，果穗越紧。因此，对坐果率较高的品种，可适当延晚或在谢花后再进行花序整形。二是花序保留的长度相同，但早整花序比晚整花序成熟果穗要大，长度要长。三是整花序的长度一定按照合理的整穗长度进行整

图 6-42　花序整形—留穗尖法（左上：整形前状态　左下：正在整形　右：整形后状态）（陶建敏供图）

图 6-43　捋花序法（程大伟供图）

图 6-44　葡萄花序的开花顺序

穗，这样果穗才会松紧适中。

知识窗　葡萄开花习性知多少

葡萄在花粉成熟和雌蕊发育完成后，可以闭花授粉，即花冠未张开就在花帽内授粉。一般花序基部和中部的花蕾先开，质量好，副穗和穗尖的花蕾后开（图 6-44）。花期最适温度为 25~30 ℃。开花时，花冠基部 5 个裂片反卷而脱落，露出雌雄蕊。花药开裂散出黄色花粉，借风力和昆虫传播花粉。开花期的早晚、时间长短，与当地气候条件和栽培品种有关。气温高，开花就早，花期也短；气温低或阴雨天多，开花迟，花期也随之延长。一般品种花期为 7~10 d。如果花期气候干燥，气温在 20~27 ℃，天气晴朗，上午 8—10 时开花量多，整个花期可以缩短为 7 d 左右。

4. 新梢摘心

摘心又称打头、掐尖、打尖等，是把生长的新梢嫩尖连同数片幼叶一起摘除的一项作业。新梢摘心分为结果新梢摘心、营养新梢摘心和延长梢摘心。

1）结果新梢摘心

（1）目的　有利于养分集中供给花序，可以显著提高坐果率。

（2）时间　对于玫瑰香、巨峰系等坐果率较低的品种，于开花前 4~7 d 对结果新梢摘心，能明显提高坐果率。对于坐果率较高的品种，为减少后续疏果的工作量，可以在花前不摘心，延至生理落果后再摘心。对于拟进行无核化栽培的葡萄，如辽峰葡萄，摘心时间可适当提前，当花序上部第 2 片叶与生长点能分开时即可摘心，这样可以节省营养，提高坐果率。

二维码
葡萄摘心

（3）摘心程度　摘心的程度，常以花序以上保留的叶片数为标准。巨峰葡萄一般在花序以上保留 4~5 片叶摘心；对于无核化栽培的辽峰葡萄，由于树势强壮，叶片较大，在花序以上保留 2~3 片叶摘心即可（图 6-45）；对于坐果率高的品种，如无核白鸡心、红地球、藤稔、金星无核等，一般开花后在花序以上保留 5~7 片叶摘心。此外，结果新梢摘心还要考虑新梢的生长势和生长空间，结果新梢生长势强时多留叶，反之则少留叶；有生长空间时可多留叶，无生长空间时则少留叶。

2）营养新梢摘心

（1）目的　控制新梢生长长度，促进花芽分化，增加枝蔓粗度，加速其木质化。

图 6-45　葡萄结果新梢摘心
（左：巨峰葡萄 4 叶摘心　右：辽峰葡萄无核化栽培 2 叶摘心）

（2）时间　同结果新梢摘心时间。

（3）摘心程度　通常以新梢基部以上保留的叶片数为标准。不同地区生长期的长短不同，其摘心程度也不同，具体可以参考表 6-1。此外，营养新梢摘心还要考虑品种特点、架面空间大小、新梢密度等因素。

表 6-1　营养新梢摘心程度一览表

地区	摘心程度	地区	摘心程度
生长期少于 150 d 的地区	细弱梢留 6~7 片叶摘心 中庸梢留 8~10 片叶摘心 强旺梢留 10~12 片叶摘心	生长期大于 180 d、干旱少雨的地区	细弱梢留 8~10 片叶摘心 中庸梢留 10~12 片叶摘心 强旺梢留 12~14 片叶摘心
生长期在 150~180 d 的地区	细弱梢留 8~10 片叶摘心 中庸梢留 10~12 片叶摘心 强旺梢留 12~14 片叶摘心	生长期大于 180 d、多雨的地区	细弱梢留 10~12 片叶摘心 中庸梢留 12~14 片叶摘心 强旺梢留 14~16 片叶摘心

3）延长梢摘心

时间和方法　延长梢生长势不同，摘心的时间和方法略有不同。

生长较弱的延长梢，选下部相邻较强壮的新梢换头，非它领头不可的则留 10~12 片叶摘心，促进其加粗生长。

生长中庸健壮的延长梢，可以根据当年预计的冬剪剪留长度和生长期的长短适时进行摘心。生长期较短的北方地区应在 8 月上旬摘心，生长期较长的南方地区可以在 9 月上中旬摘心。

生长强旺的延长梢为分散营养，避免徒长，可以提前摘心。摘心后发出的副梢，选留最前端 1 个副梢作延长蔓继续延伸，按前述中庸梢处理，其余副梢作结果母枝培养。

知识窗　葡萄新梢生长的特点

葡萄新梢在生长发育过程中不形成顶芽，全年无停长现象。新梢在萌芽初期生长缓慢，当平均气温达到 20 ℃时，新梢生长即出现第一次生长高峰，每天生长量可达 10~20 cm。开花时新梢生长趋于缓慢。从种子中的胚珠发育结束后到果实快速生长之前为第二次生长高峰，为副梢大量发生期。新梢开始生长时的粗度，反映出树体贮藏营养水平的高低。贮藏营养丰富，新梢开始生长粗壮，有利于花芽分化和果实发育。

知识窗　如何预测葡萄的花期

葡萄的许多管理工作必须在开花前完成，因此对于初种葡萄者来说，正确预测花期十分重要。预测葡萄花期的方法见表 6-2。

表 6-2　预测葡萄花期的方法

预测项目	方法
副穗的角度	当葡萄的副穗展开到与穗轴成 90° 时，即为开花前的 5~7 d（图 6-46）
花穗的分离状态	当副穗以下的主穗上的小支穗有 90% 已经分散开，只有先端 10% 的小穗还聚拢在一起时，为开花前的 5~7 d

图 6-46　葡萄花期预测方法

5. 副梢处理

副梢是指葡萄叶腋中的夏芽萌发的新枝，是葡萄植株的重要组成部分。

1）结果新梢的副梢处理

（1）幼龄树　幼龄树上的结果新梢，花序以下的副梢全部抹去；花序以上顶端的 1~2 个副梢留 2~4 片叶反复摘心，其余副梢只保留 1 片叶进行“绝后摘心”（即用大拇指指甲紧贴副梢基部一叶，连其二次夏芽与一次副梢嫩尖同时掐去）。

（2）成龄树　成龄树上的结果新梢，除顶端 1~2 个副梢留 1~2 片叶摘心，其余副梢从基部抹除（图 6-47、图 6-48），顶端产生的二次、三次副梢，始终

图 6-47　顶端副梢留 1 叶摘心

图 6-48　抹除副梢

只保留最前端 1 个副梢，留 1~2 片叶反复摘心，其他二次、三次副梢从基部抹除。

对于无核化处理的辽峰葡萄，为保证后期果实转色时副梢上叶片的光合能力较强，可在开花前去除所有的副梢，开花后保留最前端一个副梢，留 2~3 片叶摘心，其余副梢全部抹除。

2）营养新梢的副梢处理

营养新梢上的副梢，除利用它培养结果母枝和压条繁苗外，别无用途。因此处理方法较简单，除顶端的副梢留 3~4 片叶反复摘心外，其余副梢从基部全部抹去。

3）延长梢的副梢处理

主、侧蔓延长梢上的副梢，除生长势很强的品种，可以利用其副梢培养结果母枝外，一般都不留或少留副梢，所以，通常延长梢上的副梢都从基部抹除，当延长梢摘心后萌发的副梢，也只保留最顶端的 1 个副梢继续延长。

知识窗　葡萄副梢的有效利用

葡萄副梢的生长量较大，生产中如不能及时处理，则会造成架面郁闭（图 6-49），影响通风透光，增加树体的营养消耗，引发病虫害，不利于生长和结果，乃至降低浆果品质。葡萄不同品种的副梢萌发能力不同，生产中可以对其合理利用。如生长势强旺的品种，采取提前摘心和分次摘心的方法，利用副梢可以培养结果母枝；对于副梢结实率高的早、中熟品种，可以利用副梢进行二次结果；在生长期超过 180 d 的地区，对生长势较强，易发副梢的品种，可以利用副梢进行压条繁殖等。

图 6-49　副梢处理不及时导致架面郁闭

图 6-50　卷须缠绕新梢

6. 去卷须

（1）处理原因　卷须在生长过程中，不仅消耗养分和水分，还会到处缠绕，影响果穗和枝蔓的生长，给栽培管理带来不便（图 6-50）。

（2）处理方法　夏季修剪时随手除去所有的卷须，以节约营养、便于管理（图 6-51）。

二维码
葡萄除卷须

知识窗　葡萄的卷须

葡萄的卷须与花序是同源器官，均为茎的变态。一般着生在叶片的对面。不同种类葡萄卷须着生方式不同，欧洲种葡萄的卷须间隔着生，美洲种葡萄的卷须连续着生。

图 6-51　卷须处理（左：正在处理卷须　右：卷须处理后的状态）

图 6-52　花序拉长（左：浸蘸花序　右：喷施花序）

7. 花序拉长

（1）原因　对于红提、无核白鸡心、茉莉香、寒香蜜、夏黑、金星无核等坐果率比较高、果穗极紧密的品种，由于果粒密集，疏果费工，可以在开花前使用赤霉素进行花序拉长，既有利于花序整形，又可以减少疏果用工。

（2）时间及方法　在开花前 7~15 d（花序分离期），当新梢 6~7 片叶，花序长度 7~10 cm 时，用 5 mg/kg 的赤霉素（920）或美国奇宝（20% 水溶性赤霉素）3 万 ~4 万倍，对花序进行浸蘸或喷施（图 6-52）。图 6-53 为花序拉长的效果。

图 6–53　花序拉长后的效果

对于坐果率极高的品种，如红宝石无核、早熟红无核等也可以采取花期浇水的措施来拉长花序。

（3）注意事项　一是不同品种的花序拉长程度与品种和使用时期有关。使用过早，花序拉长的大，使用过晚，花序拉长的不明显。生产中要根据品种和使用时期调整使用浓度。经笔者试验观察，红地球葡萄用 15 mg/kg 的赤霉素处理，花序拉长效果较好，而寒香蜜、茉莉香葡萄对赤霉素不敏感，所以使用赤霉素的浓度可以加大到 100 mg/kg。二是使用花序拉长剂后要注意防止灰霉病和穗轴褐枯病，并采取保果措施和控制产量。

8. 保花保果

（1）适用品种 对于美人指、粉红亚都蜜等长势旺的品种，以及巨峰等落花落果重的品种，在开花前喷施植物生长抑制剂，可以有效控制生长，提高坐果率和促进花芽分化。

（2）植物生长抑制剂种类 生产中常用的植物生长抑制剂有矮壮素、PBO（果树促控剂）等。

（3）使用方法 矮壮素一般在开花前 5~10 d 使用，叶面喷施浓度是 200~500 mg/L。矮壮素使用的浓度要考虑到树势的强弱与负载量的大小。树势弱时要降低喷施浓度，负载量小时可适当提高浓度。

PBO 一般在花前和花后使用 2 次。第一次在花前 7~10 d，新梢约有 8~11 片大叶时使用。树势不同，喷施浓度略有不同。树势较强，喷施浓度为 50~80 倍；树势中等强，喷施浓度为 100~150 倍；树势中庸，喷施浓度为 200~250 倍。PBO 每亩的用量因架式不同而略有不同，棚架每亩用量为 250 g，篱架每亩用量为 375 g。第二次在花后 20 d 左右进行，喷施浓度与第一次相同。

9. 土肥水管理

1）土壤管理

从萌芽到开花期间，可以结合局部挖施肥沟和施肥穴对土壤进行翻土。根据当地气候条件、灌水、杂草生长情况进行中耕，深度为 5~10 cm，里浅外深，尽量避免伤害根系。大型葡萄园多采用小型旋耕机中耕。

2）土壤施肥

（1）目的及施肥种类 新梢迅速生长时，为缓和营养生长与生殖生长的矛盾，根据树势情况追施 1~2 次复合肥和氮肥，用施肥叉或施肥枪均可（图 6-54）。施肥后灌水。

（2）施肥机械 目前，为提高化肥的施用效率，中国农业科学院果树研究所等单位研发出偏置式振动深松化肥施肥机（图 6-55），它由动力输入输出装置、振动开沟装置和施肥装置等组成，在施入化肥的同时，对土壤具有一定的疏松效果。此种机器适于各种土壤条件，要求作业道宽度 1.5 m 以上，留有 4 m 以上行头。动力需求 ≥ 29.6 kW，工作效率为 500~1 500 m / h，施肥深度 20~40 cm，施肥位置距离主干最近 30 cm。

辽宁农业职业技术学院王忠楠研究设计了适合于辽南地区葡萄栽培模式的小型葡萄地表施肥机械，它可以一次性完成开沟、施肥和覆土作业。该机械包括肥箱、机架、传动机构、液压机构四部分，主要采用三点悬挂的方式安装于拖拉机后部。施肥机的动力来源于地轮，拖拉机带动施肥机前行，通过链传动

图 6-54　施肥枪施肥

图 6-55　偏置式振动深松化肥施肥机（王海波供图）

将地轮和排肥轴连接，地轮向前转动带动排肥轴转动，实现肥料均匀地从肥料箱排肥口输出，流经排肥管，均匀播撒到指定位置。施肥深度可通过手动调节开沟器上面的机架高度进行调节。作业时靠液压缸控制施肥装置左右移动来避障。

淮海工学院申屠留芳等人设计了葡萄园专用开沟施肥机，能够完成深松和深施肥等一体化复合式施肥作业，可以根据施肥需求选择单一肥或复合肥，是一种高效的新型深施肥的葡萄园专用施肥机械。

3）叶面喷肥

（1）时间及肥料种类　当幼叶展开后，可以每隔 7~10 d 叶面喷施 1 次 0.3 % 尿素加磷酸二氢钾混合液。缺锌或缺硼严重的果园，花前 2~3 周，应每隔 1 周叶面喷施 1 次锌肥或硼肥，既能提高坐果率，又能解决大小粒和缺硼引起的不脱帽等问题。

（2）注意事项　一是叶面肥要随用随配；二是喷施时要低浓度多次喷布，禁止一次性使用浓度过高，也不能重复喷施，否则会烧叶；三是喷施时主要喷在叶片背面；四是几种肥料混合使用时，要注意不同肥料的酸碱度；五是出现缺素症时，要先做好诊断，确认原因，再对症施肥或采取其他对策。

4）灌水

灌水一般结合追肥进行。当新梢长度大于 10 cm 时即可进行灌溉，以利于新梢加速生长和花器发育，增大叶面积，增强光合作用。以后视天气状况，干旱年景每隔 10~20 d 浇 1 次小水。

10. 病虫害防治

（1）目的　开花前是全年病虫害防治的关键时期之一，通过杀灭和控制越冬后的病、虫，可以把越冬后病虫害的基数压低到较低水平，既有效消灭或减少了越冬后病虫的初侵染来源，使葡萄在生长前期受到病虫害威胁的压力减小，又为后期病虫害防治奠定基础。但由于开花前一般看不到病害或病害很轻，所以很多果农不喷施农药，这种做法是错误的。

（2）喷药次数 要根据葡萄园的具体情况和当地气候条件，喷施1~4次农药。

（3）预防对象 此期预防的对象及预防措施参考表6-3。

表6-3 葡萄开花前病虫害防治一览表

时期	预防对象	预防措施
2~3叶期	绿盲蝽、蓟马、红蜘蛛、蚧壳虫、毛毡病、白粉病	有红蜘蛛、毛毡病为害的园地，喷施20%哒螨灵可湿性粉剂3 000倍液或1.8%阿维菌素乳油3 000~4 000倍液；绿盲蝽、蚧壳虫为害的园地，喷施10%联苯菊酯微乳剂3 000倍液或70%吡虫啉水分散粒剂6 000倍液；有白粉病的园地，喷施40%氟硅唑乳油8 000倍液或12.5%烯唑醇2 500倍液或10%嘧菌酯悬浮剂600~800倍液
花序展露期	红蜘蛛、毛毡病、绿盲蝽、黑痘病、炭疽病	与2~3叶期措施配合。虫害发生重的园地，喷施1次杀虫剂；病害压力大的园地，喷施1次保护性杀菌剂。可选择的药剂与2~3叶期药剂相同
花序分离期	穗轴褐枯病、黑痘病、白腐病、炭疽病、白粉病、灰霉病、霜霉病	喷施广谱性保护性杀菌剂，如50%多菌灵600~800倍液或80%代森锰锌可湿性粉剂800倍液或70%甲基硫菌灵800~1 200倍液。春季雨水多、霜霉病严重地区，在以上药剂中加入50%烯酰吗啉水分散粒剂3 500倍液；灰霉病严重园地在以上药剂中加入40%嘧霉胺1 000倍液
开花前2~3 d	穗轴褐枯病、黑痘病、白腐病、炭疽病、白粉病、灰霉病、霜霉病、透翅蛾、金龟子	病害防治药剂与花序分离期基本相同。有透翅蛾、金龟子为害地区，在上述药剂中加入10%联苯菊酯微乳剂3 000倍液

（4）喷药机械 为提高果园病虫害防治喷施效率，目前多采用弥雾机进行

图 6-56 风送气送静电三结合式高效精细弥雾机（王海波供图）

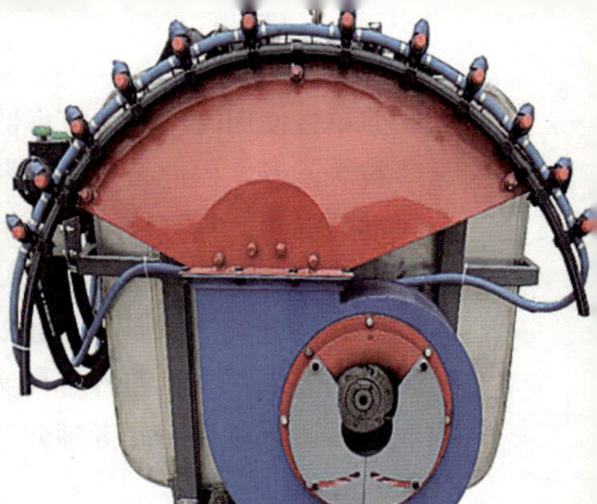

图 6-57 悬挂式风送喷雾机（立兴植保机械制造有限公司）

喷药。如中国农业科学院果树研究所等单位研发出的风送气送静电三结合式高效精细弥雾机（图 6-56）。它由动力输入输出装置、气送雾化装置、风送二次雾化和防飘逸装置、静电发生装置、电磁控制装置等组成，弥雾效果远优于一般弥雾机，适于各种土壤条件。该机要求作业道宽度 1.5 m 以上，留有 4 m 以上行头；动力需求 ≥ 12 kW；工作效率为 48 亩 / h；喷药半径 2~6 m，液滴直径 30~100 μm，适于各种栽培形式的葡萄园。立兴植保机械制造有限公司研制的适用于葡萄的悬挂式风送喷雾机（图 6-57），穿透性强，雾化的药液最大可喷射 7 m 远，雾滴小，药液喷洒均匀，覆盖面广，是人工喷药作业效率的 10 倍以上。

三、葡萄开花期和坐果期管理的关键任务有哪些？

1. 葡萄无核化处理

对有籽葡萄进行无核化处理，是目前葡萄生产上应用较普遍的一项技术。它是通过良好的栽培技术和无核剂处理相结合，使原来有籽（种子）葡萄果实内种子软化或败育，使之达到无籽、大粒、早熟、丰产、优质的目的。

（1）优点　节省营养，提高品质；提早成熟，调节产期，提高效益；保证坐果，保证稳产。

（2）无核剂种类　目前，生产中常用的无核剂主要成分是赤霉素，它通过降低花粉发芽力或使胚囊发育不成熟，从而诱导形成无籽果实；同时，它还促使子房细胞核酸含量增加，使细胞分裂加速，诱导激素合成，从而促进果实膨大。但单独使用时诱导无核率低，且若处理时间不当，易出现穗轴硬化、扭曲、易落粒等问题，因此可与其他药剂混用，如赤霉素可以和链霉素、细胞分裂素或氯吡脲混用，具有较好的效果。

笔者试验研究发现，在辽峰葡萄无核化栽培中，使用辽宁省辽阳市农林科学院生产的葡萄无核剂（1 组 2 瓶，花前剂和花后剂各 1 瓶），具有无核率高、坐果率高、果粒大且整齐、果实成熟早、果实品质好等效果。据浙江省海盐县农业科学研究所杨治元老师介绍，阳光玫瑰葡萄用赤霉酸和氯吡脲复配，使用效果较好。

（3）使用时期和方法　目前，在巨峰等大粒品种上，一般在花前 3~7 d 用 15~25 mg/kg 的赤霉素处理，取得了较好的无核效果。在阳光玫瑰葡萄栽培中，单用赤霉酸时，部分果穗保果效果不好，杨治元老师推荐无核保果剂的配方是赤霉酸 20 mg/L+ 氯吡脲 2~3 mg/L，效果较好。即用美国生产的 20% 奇宝 1 g，加四川兰月公司或四川施特优公司生产的 0.1% 氯吡脲 20~30 mL，兑水 10 kg。一般在一串花序开完花第 3 d 开始处理，隔 1 d 处理一批开完花的花序，共分期分批处理 3 次左右。

辽峰葡萄无核化处理可以分两次进行，第一次是在花冠即将开花前 10 d 左右（天气晴朗时）用花前剂处理 1 次（1 瓶花前剂加 5~5.5 kg 水），当 90% 落花后 5 d 内（即花冠脱落后雄蕊和雌蕊见干，大部分脱落），全穗果粒似绿豆粒大，没出现大小粒时，用花后剂处理 1 次（1 瓶花后剂加 7.5~8 kg 水）。也可以一次性处理，方法是在 90% 花冠脱落后开始进行，即把花前剂和花后剂兑 8~8.5 kg 水，搅拌均匀后浸蘸或喷施花序（图 6-58），整个园地根据开花程度，分期分批处理 3 次，此种方法比两次处理要省工。

分期分批处理葡萄无核时，可以在配制好的药剂中加入食品添加剂—日落红，以方便识别是否已处理。也可以用不同颜色的葡萄色卡做记号（图 6-59、图 6-60）。

（4）注意事项　一是无核化处理时最好选择晴朗无风天气用药，为了便于

图 6-58　无核化处理（左：浸蘸花序　右：喷施花序）

图 6-59　葡萄无核化做标记
（左：日落红　右：喷施后效果）

图 6-60　做标记用的
葡萄色卡

吸收和使药剂浓度稳定，较为适宜时间在 8~10 时或 15~16 时。若使用后 4 h 内下雨，雨后应补施一次。二是无核效果与药剂浓度及使用时期关系较大，且不同品种间敏感差异度很大，因此使用前要仔细阅读产品说明书，并先进行试验再大面积应用，否则会出现穗轴拉长、穗梗硬化、易脱粒、裂果等现象；三是赤霉素不溶于水，使用时需先用 70% 酒精或 60° 左右的白酒溶解，再兑水稀释。

（5）预防采后掉粒　葡萄无核化后，穗轴和果梗硬化，且无籽导致果刷弱化，采后果穗受挤压或振动时，极易脱粒。可以通过以下措施预防：一是选择使果梗较软的无核剂和膨大剂；二是严格掌握第一次处理时期，处理后及时对花序进行整形，使坐果均匀紧密；三是改进包装方式。选择符合标准的果穗，单穗用保鲜膜保护，箱内放好衬垫物后，单层装箱。

（6）预防裂果　葡萄无核化栽培后，由于果粒增大，产量增加，裂果的可能性要大于常规栽培。具体防止裂果措施有：①控制产量，多留叶片，提高叶果比，增加果实的抗膨胀能力；②花期至幼果期不能缺水，果实膨大期不能干旱，要保持适宜的土壤水分；③果实开始着色成熟时，要注意及时排水，防止土壤湿度过大；④遇多雨天气时保留部分新梢叶片，增加水分蒸发。

2. 新梢引缚

（1）目的　为便于通风透光，减少病虫害发生和大风对新梢的影响，当新梢长到 40~50 cm 时及时进行引缚。

（2）引缚材料　可以用绑蔓器、园林扎丝、地膜、渔网线等（图 6-61、图 6-62）。

（3）方法　弱枝一般垂直引缚；篱架中庸枝条一般倾斜引缚；棚架、立架面交接处生长势极强的枝条多用水平引缚或略向下倾斜引缚。

3. 树体管理

继续进行去卷须、副梢处理等工作，以控制营养生长。辽峰葡萄无核化栽

图 6-61　新梢引缚（左：绑蔓器引缚　右：园林扎丝引缚）

图 6-62　新梢引缚（左：地膜引缚　右：渔网线引缚）

培，开花后副梢处理与开花前有所不同，其方法是：新梢最前端保留 1 个副梢，留 2~3 片叶摘心，其余副梢全部抹除。

继续进行疏花序和花序整形，调节营养生长和生殖生长的关系。

4. 肥水管理

（1）施肥管理　花期不要进行土壤追肥，可以叶面喷施 0.3% 的硼砂和磷酸二氢钾，以促进花粉管伸长、提高坐果率。缺锌严重的果园，花前 2~3 周，应每隔 1 周叶面喷施锌肥，以利正常开花受精和幼果发育。

（2）水分管理　为避免影响坐果，大部分葡萄品种在花期禁止灌水；对于坐果率高，穗形要求松散的品种，如红提，可以在花期少量灌水，起到拉长花序的作用。

5. 果实膨大

（1）常用药剂　果实膨大常用的药剂有赤霉素和氯吡脲，它可以促进浆果幼果细胞分裂，对增大果粒、促进成熟有显著作用。二者混用效果较单用对葡萄果实膨大具有更明显的增效作用。

（2）使用时期及方法　于坐果后 10~15 d 喷施或浸蘸果穗（图 6-63）。首先将药液按照说明书配成一定浓度后，将果穗浸蘸 3~4 s 或喷施均匀即可，然后抖落果穗上的多余药液，以免形成畸形果。不同的膨大剂对不同品种的处理效果不同，使用时要按照说明书用药，并注意使用时期、使用浓度和使用次数，以防造成果梗硬化、穗轴开裂，导致落果（图 6-64、图 6-65）。

图 6-63　喷施膨大剂

笔者在辽峰葡萄上试验，用四川润尔科技有限公司生产的大果施特优（有效成分含量为 0.1% 的氯吡脲，规格为 10 mL × 5 支 / 盒，内含 1 袋国光赤霉酸 2 mL），1 盒兑水 5.5 kg，在果实达花生粒大小时用蘸花器喷施（图 6-66、图 6-67），膨大效果较好。

据杨治元试验，阳光玫瑰葡萄膨大剂推荐的配方为赤霉酸 20 mg/L+ 氯吡脲 3 mg/L，即用 20% 美国生产的奇宝 1 g，加四川兰月公司或四川施特优公司生产的 0.1% 氯吡脲 30 mL，兑水 10 kg。

图 6-64　膨大后穗轴开裂

图 6-65　膨大后果梗硬化

图 6-66　辽峰葡萄适宜膨大的时期

图 6-67　辽峰葡萄喷施膨大剂

四、葡萄果实膨大期管理的关键任务有哪些?

1. 新梢管理

（1）卷须和副梢处理　此期新梢和副梢生长旺盛，要继续进行绑蔓、去卷须和副梢处理。对于日灼病严重的品种，在果穗附近多留 1~2 片副梢叶片遮阳。

对于无核栽培的辽峰葡萄，此期副梢处理分两种情况：一是开花后已经保留 1 个副梢并且留 2~3 片叶摘心的，后续主、副梢上发出的所有副梢全部抹除即可；二是开花坐果期尚未萌发副梢的，在果实膨大期，如发出副梢，则保留最先端的 1 个副梢，留 2~3 片叶摘心，后续发出的所有副梢全部抹除。

（2）摘心　对到转色期仍不能停止生长的新梢进行轻摘心，副梢留 1~2 片叶摘心。

（3）去老叶　在果实将要着色前，适量摘除结果枝基部衰老的叶片，以促进果实着色，同时摘叶还有利于结果枝基部的冬芽分化和充实（图 6-68）。

2. 疏粒

（1）目的　疏粒是在花序整形的基础上提高果实品质的又一项重要措施。疏粒可以控制每穗的大小和果粒数，使果粒在穗轴上排布均匀，果实着色、成熟一致，同时也可防止果穗过紧引起的裂果、落粒。

图 6-68　葡萄新梢摘叶后状态

（2）时间　疏粒一般在疏穗以后，当浆果进入硬核期（产生种子），能分辨果粒大小时进行。为保证生产优质果，最好进行两次疏粒。第一次在坐果后果实达绿豆粒大小时进行，如果疏粒过晚不仅影响果粒的膨大和果粉的形成，还会由于果粒增大导致果粒间无空隙，增加了疏除的难度，费工费时。第二次疏粒在果粒稍紧密时进行。对大多数品种而言，在坐果稳定后越早进行疏粒越好，不仅省力，而且能充分增大果粒。

（3）留粒数量　应根据品种特性、品种成熟时的标准穗重、粒重等进行疏粒（图 6-69）。一般小穗重 500 g 左右，保留 40~50 粒；中穗重 750 g 左右，保留 50~80 粒；大穗重 1 000 g 左右，保留 80~100 粒。为了防止病虫果、裂果、萎缩果等的损失，疏粒时需增加 20%~30% 的果粒作后备。适宜的着粒密度判断标准是在果实着色期，果粒间较紧密但还可以轻微活动。

据杨治元介绍，阳光玫瑰葡萄每穗留粒数量应按栽培者确定的果穗重量和果粒重量而定，具体可参考表 6-4。

图 6-69　葡萄疏粒（左：无核白鸡心　中：红提　右：辽峰）

表 6-4　阳光玫瑰葡萄留粒数一览表

果穗重量 / g	单粒重量 / g	每穗留粒数量
500	14	40
600	14	45
700	13	55
800	12	70

（4）疏粒方法　第一次疏粒时，主要是将过长、过密的分枝剪短或剃掉，剪留单层果粒，将扭曲的穗尖或大小粒等用疏果剪修整，使果穗呈柱状。第二次疏粒用稀果剪疏除小粒、内向果粒、伤粒、病虫粒及过密、相互挤压的果粒。若果粒着生太紧密或疏粒时间较晚致使果粒难以疏除，无法下剪时，可采用“钻果龙”疏粒法。即从果穗尖端，沿穗轴由下至上“钻”上来，疏除 1~2 列果粒，果穗已经松散，然后再简单剃掉有伤口或较紧密部位的个别果粒，这样既省工省时，也能维持良好的穗形（图 6-70）。

知识窗　葡萄果实生长发育动态知多少

葡萄的果粒由果梗、果蒂、果刷、果皮（外果皮）、果肉（中果皮）、果心（内果皮）和种子组成。果刷的长短与果实的耐贮性有密切的关系，果刷长的不易落粒，也耐贮运。

葡萄果实的生长发育分为三个时期：第一期在坐果后 5~7 周，表现为果实迅速生长，纵径大于横径，本期内果实生长量占成熟果实的 60% 以上；第二期果实生长缓慢，持续 2~3 周，果实纵横径基本不增大，主要表现在胚的发育与核的硬化；第三期为浆果后期膨大期，主要是果径的二次增长和胚的继续充实，以横径增长为主。此期果实的含糖量迅速提高，含酸量减少，果肉变软，持续 5~8 周，直至果实成熟。

图 6-70　“钻果龙”疏粒法操作过程（程大伟供图）

3. 顺穗、吊穗

为防止磨伤果粒和果梗（图 6-72）、果粒长大后绷紧而导致采收时硬拉损伤果实，当坐果稳定以后，要将夹在钢丝上、枝条夹缝中的果穗全部顺到架面下，使其呈自然下垂状态。此外，为防止贴近地面的果穗沾泥、发病和裂果，要用绳将其吊高。

4. 抠烂粒和裂粒

果实生长期如果管理不当或遇到雨水过多、土壤和空气相对湿度过大等情况时，会使葡萄果粒遭受病菌侵染或裂果导致腐烂，从而加速病害的传染和蔓延。因此，要密切观察果穗，发现烂粒和裂粒要立即抠除（图 6-73）。

5. 套袋和果穗罩伞

1）套袋

（1）目的 套袋能有效防止各种病虫为害果穗，减少用药次数，降低农药残留；减轻日灼和裂果的发生；能减少机械摩擦和灰尘、蝇粪、煤污造成的果面污染，使果面清洁，果皮光洁细嫩，果粉浓厚；能阻止暴雨、冰雹和鸟类、野蜂侵袭；使果实的外观漂亮，着色均匀，提高商品性。高寒地区套袋还可以提高袋内温度、降低果实酸度、增加风味。

（2）果袋种类 葡萄果袋有纸质果袋（图 6-74 至图 6-76）、塑膜袋、报纸袋和无纺布袋（图 6-77）之分，最常用的是纸质果袋。不论采用哪种果袋，均要求透光率高、透气性好、不透水、耐风雨侵蚀。果袋要求在一端开口的同时，下部两角各有一个通气孔，袋的上部一侧嵌有一条长约 65 mm 的细铁丝做封口用（图 6-78）。

（3）选择适宜果袋 套袋前要根据栽培区域的气候选择适宜的果袋。南方高温、高湿及台风频发区，选择强度好的果袋类型；西北干旱地区，葡萄易受

图 6-71 果粒磨伤

图 6-72 果梗磨伤

图 6-73 抠除烂粒

图 6-74　白色纸袋

图 6-75　黄色纸袋

图 6-76　玻璃纸袋

图 6-77　无纺布袋

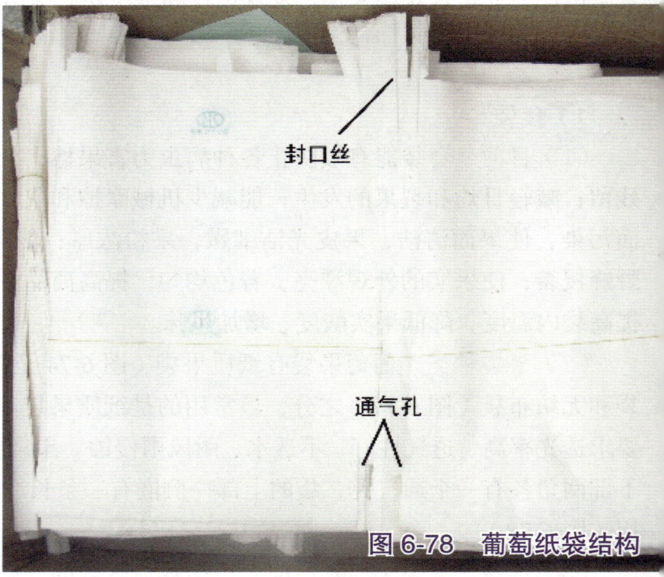

图 6-78　葡萄纸袋结构

到日灼的威胁，选择防日灼的果袋；环渤海湾区，葡萄易受病害威胁，选择抗风雨的果袋。

不同品种特性不同，选择的纸袋类型也不同。如巨峰、香悦等散射光着色品种，可以选择白色透明普通木浆果袋；克瑞森无核等直射光着色品种，要选择透光性好又防日灼的果袋；为减少日灼和果锈的发生，阳光玫瑰葡萄可选择绿色果袋、蓝色果袋或肩部彩色袋（图 6-79）。

（4）套袋时期　套袋一般在坐果后 15~20 d，果实达豆粒大小时进行。生产中阳光玫瑰葡萄套袋一般掌握在果皮发软时进行。

（5）套袋方法　套袋前，先进行整穗和疏粒，然后全园喷施 1 次杀菌剂，如多菌灵、甲基硫菌灵、代森锰锌等，待药液干后再进行套袋。套袋时，先用手将纸袋撑开，使纸袋鼓起，打开袋底两端的通气孔，以防积水和不透气，然后由下往上将整个果穗全部套入袋中，再将袋口从两边向中间折叠收缩到穗柄上，使果穗悬空在袋中，用封口丝将袋口扎紧扎严（图 6-80 至图 6-87），防止害虫及雨水进入袋内。套袋时严禁用手揉搓果穗。

（6）注意事项 一是套袋要避开雨后的高温天气，否则会加重日灼病的发生。一般在阴雨连绵后要经过 2~3 d，果实逐步适应高温环境条件后再套袋；二是套袋后密切观察袋内病虫害发生情况和裂果情况，严重时可以解袋喷药和去裂粒。

2）果穗罩伞

对于易得日灼病的品种，如红地球、美人指等，套袋后可以在果袋上方再罩一个伞袋（图 6-88），不但可以减轻日灼病，而且还有防止风雨对果袋侵蚀的作用。

除套袋外，也可以只在葡萄上方套一个光面纸罩或 PE 塑胶片伞罩，可起到防雨、防尘和防晒的作用。这既省事，又能随时去除病虫粒和发育不良的果粒。

图 6-79 阳光玫瑰葡萄套袋（左：套绿色果袋 右：套肩部彩色袋）

图 6-80 撑袋

图 6-81 套袋

图 6-82　折叠袋口

图 6-83　扎紧袋口

图 6-84　套袋后状态

图 6-85　错误套袋方法（袋口全开）

也有果农完全用“打伞”代替套袋。即把 25 cm × 25 cm 的伞罩，从一边向中心剪一刀，然后将葡萄穗轴沿剪缝套入，盖在果穗上，缝隙两边重合，上下均用大头针固定；为避免雨水沿穗轴淋到果穗里，上口一定要封严（图 6-89）。据杨治元老师介绍，阳光玫瑰葡萄在果穗上罩塑料膜伞，对防止果实日灼病具有较好的效果。

6. 土肥水管理

1）土壤管理

为使土壤保持较好的通透性，雨后和灌溉后要及时进行中耕，深度

图 6-86　错误套袋方法（袋口半开）

图 6-87　错误套袋方法（绑在新梢上）

图 6-88　套袋后罩伞

图 6-89　葡萄直接打伞

3~4 cm，里浅外深。也可以在葡萄行间种植苜蓿、草木樨、三叶草等，在适当的时间进行刈割，用割下的草对葡萄园进行覆盖。

2）施肥

施肥主要有花后肥（图 6-90）、果实膨大肥（图 6-91）等，为提高果实品质，还要配合根外追肥。

（1）花后肥　在落花后 1 周左右进行，一般每株追施尿素 0.1~0.2 kg，硫酸钾型复合肥 0.1~0.3 kg，施肥后浇水。

（2）果实膨大肥　在果实迅速膨大期施用，注意氮、磷、钾肥的配合，有条件的可以配施腐熟的饼肥。

（3）根外追肥　一般在坐果后，每 10 d 喷施 1 次 0.2 %~0.3 % 的磷酸二氢钾，连续喷施 3~4 次。还可以喷钙、锰、锌等叶面微肥。也可以在果实迅速生

长期随水冲施液体肥料。

3）水分管理

（1）灌水要求　果实膨大期是葡萄的需水临界期，水多、水少均不利于葡萄植株生长。水分不足，叶片争夺幼果的水分，导致幼果皱缩而脱落；水分过多，会导致叶片变黄焦枯，严重时叶片脱落（图 6-92）。

（2）灌水次数　果实发育期一般灌水 2 次。当幼果进入膨大期后要适时灌水，一般每隔 10~15 d 灌水 1 次，如果降雨较多，可以不灌或者少灌。在果实第一次膨大时水分充足，可以防止雨季出现的裂果现象。浆果着色初期正值浆果第二次膨大期，在无充分降雨的情况下应灌 1 次透水，最好能维持到果实采收前不再灌水。浆果着色期如水分过多会延长着色，降低果实的含糖量。

7. 病虫害防治

（1）目的　继续减少害虫数量，压低病原菌基数，保护好枝条和叶片，同时阻止病虫害侵染果实。

（2）防治时期和重点　果实膨大期要分别在落花后、坐果后和套袋前各喷 1 次杀菌剂。套袋后，每 12~15 d 喷 1 次杀菌剂，保护叶片（图 6-93）。落花后是防治灰霉病、炭疽病、白腐病、黑痘病、透翅蛾的适宜时期；多雨地区，也是防治霜霉病适期；干旱地区，白粉病、红蜘蛛、毛毡病是防治重点。坐果后的果实迅速膨大期，以白腐病、炭疽病和霜霉病为防治重点。套袋前的防治重点是灰霉病、炭疽病和白腐病；套袋后的防治重点是防止霜霉病大发生，同时兼治灰霉病、炭疽病和白腐病。

（3）常用药剂　坐果后可以使用波尔多液等保护剂预防，每 12~15 d 喷 1 次，共喷 2~4 次。发病后可以使用多菌灵、代森锰锌、三唑酮、甲基硫菌灵、氟硅唑、霜脲氰、烯酰吗啉、烯酰・锰锌等防治。以上药剂应交替使用。

图 6-92 鲜食葡萄涝害症状

图 6-93 果实膨大期打药

五、葡萄果实转色至成熟期管理的关键任务有哪些？

1. 肥水管理

1）施肥管理

（1）原则 从着色期到果实成熟期，浆果进入第二次生长高峰，此期要控制氮肥，增施钾肥，配合磷、钙肥，对提高浆果品质和促进新梢成熟有较好的作用。

（2）施肥时间 一般在果实开始着色前为最佳时期。

（3）施肥量及方法 每亩施磷肥 50 kg、钾肥 30 kg，浅沟或穴施均可，施肥后覆土灌水。果实成熟期喷施 2~3 次 0.2%~0.3% 的磷酸二氢钾或 1%~3% 的过磷酸钙溶液以提高品质，连续喷施 2~3 次氨基酸钙以提高耐贮运性。

2）水分管理

浆果进入全面着色后，要控制灌水，以免水分过多降低果实含糖量，使浆果不耐贮藏。但在降雨很少、土壤含水量很低时，也应适量灌水。

2. 除袋增色

（1）除袋时期 除袋时期因袋的种类、葡萄品种不同而存在着差异。一般套透光度较高的纸袋或无色品种套袋，可以带袋采收。红色品种在葡萄采收前 10~15 d 去袋，以增加果实受光，促进果实上色成熟。但如果在袋内果穗已着色很好，接近最佳商品色泽，为避免其着色过深，可以不摘袋。1 天内除袋的适宜时间在上午 10 时以前和下午 4 时以后，阴天可以全天进行。

（2）除袋方法 除袋时，不要将果袋一次性摘除，应先把袋底打开，使果袋撑起呈伞状（图 6-94），过几天后再全部摘去，以防日灼和鸟害。除袋后一般不再喷药，但要注意防止金龟子等病虫为害。

3. 摘叶

为改善架面的通风透光条件，减少病虫为害，促进果实着色，多数葡萄品种在着色期要摘去靠近新梢基部的部分黄化老叶（图 6-95、图 6-96）；在除袋后要剪除果穗附近遮光的衰老叶片和架面上的过密枝蔓，而对于日灼严重的品种，要在果穗附近多留叶片以防止日灼。据杨治元老师介绍，阳光玫瑰葡萄栽培时基部叶片不摘除，可减轻果实日灼。

图 6-94 除袋（左：打开袋底 右：纸袋呈伞状）

图 6-95 葡萄新梢基部黄化叶片

图 6-96 葡萄摘除基部黄化叶片后状态

4. 促进果实成熟

目前，生产中促进果实成熟的技术措施主要有应用植物生长调节剂和环剥。

1）应用植物生长调节剂

（1）乙烯利 葡萄果实开始着色时对果穗喷施 300~700 mg/L 的乙烯利可使葡萄浆果提早着色，促进果实软化，使果实提早成熟。但是，使用乙烯利容易造成叶片黄化、落粒、裂果、可溶性糖含量降低。因此，在生产中应谨慎使用，尤其注意不能多次使用，也不能随意加大浓度。

（2）脱落酸 在葡萄果实转色期喷施脱落酸，可明显促进葡萄果实着色，提高果实可溶性固形物含量。但使用脱落酸要控制好浓度，如魏可葡萄使用浓度为 150 mg/L，火焰无核和红地球葡萄使用浓度为 300 mg/L。

2）环剥

对生长中庸健壮的盛果期葡萄植株进行环剥（图 6-97），可促使其提早成熟。

（1）时期 果实转色初期进行，过早、过晚环剥均影响促早熟效果。

（2）环剥部位 主蔓、主枝均可以进行环剥。

（3）剥口宽度和深度 剥口宽度一般为径粗的 1/8~1/5，深度要达到木质部，但不能切伤木质部。主蔓环剥时要剥掉 2 层皮，不能仅剥外部 1 层老皮。

图 6-97 主蔓环剥
（左：正在环剥 右：环剥后状态）

（4）环剥方法 用锋利的刀在需环剥部位环切 2 圈，将皮全部剥掉即可。

（5）注意事项 一是环剥口不能太宽，也不能环剥太深伤及木质部，否则会导致树死；二是环剥后浇 1 次水，使环剥口在 20 d 内愈合；三是虫害较多的园地，环剥口要用薄膜封好。

5. 病虫害防治

（1）目的 在前期减少病、虫害数量基础上，保证葡萄健康生长和成熟。

（2）病虫害种类 从果粒开始转色到葡萄成熟期间，要注意防治白腐病、炭疽病、灰霉病、褐斑病等。转色期前后，也是防治酸腐病的重要时期，应加以注意。

（3）防治药剂 对以上 4 种病害均有效果的药剂有代森锰锌 600~800 倍液。对白腐病、炭疽病有效的药剂有福美双 600~800 倍液、50% 退菌特 600~800 倍液。对白腐病、炭疽病、霜霉病有效的药剂有甲霜灵、甲霜灵锰锌、多菌灵等的 600~800 倍液，以及甲基硫菌灵 800~1 000 倍液。以上杀菌剂应交替使用。

酸腐病的防治主要从三个方面进行：一是要控制裂果及预防鸟害，以便有效减少果实伤害，从而减轻酸腐病发生的压力；二是在果实转色期及之后的 10 d 左右，喷施 2 次 80% 波尔多液可湿性粉剂 400~600 倍液加杀虫剂；三是发现酸腐病后去除病果穗、病果粒，并对病组织进行处理，且要及时诱杀醋蝇。

6. 防止鸟害

（1）原因 葡萄成熟时，各种鸟雀会飞到葡萄园内啄食葡萄，导致穗形不整齐，极易造成葡萄商品率下降，并诱发蜂、蝇、葡萄酸腐病等次生病虫害（图 6-98）。

（2）鸟的种类 在我国南北方葡萄园中活动的鸟类有 20 余种，南方地区为害葡萄的鸟类主要是山雀、白头翁等，北方地区则主要是麻雀、灰喜鹊等。

（3）为害时间 一年中果实转色至成熟期是鸟类为害最严重的时期。一天中的为害高峰有 2 个，即黎明和傍晚前后。

（4）防止措施 一是利用彩色反光塑料带飘动或反光幕、旧光盘反射光线来驱鸟。在有风的情况下，彩带还可以发出响声，有助于鸟远离葡萄种植区域。此种方法操作简单，不伤害鸟类，同时节省人力，如果和驱鸟剂配合使用，效果更好。二是在园中放置假人、假鹰，可短期内防止害鸟入侵。三是用防鸟网覆盖，阻止鸟进入葡萄园（图 6-99）。四是利用音响驱鸟。即将鞭炮声、鹰叫声、敲打声等用录音机录下来，不定时大音量放音。也可以购买专业智能语音驱鸟器。具体使用时应将声音设施放置在果园的周边和鸟类的入口处，利用风向和回声增大声音防治的功效。五是人工驱鸟。由于鸟类多在清晨天亮和傍晚前后进行啄食为害，因此在这两个时间段可以人工驱鸟。但由于被赶出园外的鸟还可能再回来，因此，应隔一段时间驱赶 1 次。这个方法比较费工，适合离家近且面积小的果园。

图 6-98 葡萄鸟害

图 6-99　防鸟措施（左：挂反光幕　中：放置假人　右：覆盖防鸟网）

7. 适时采收

我国葡萄目前普遍存在提早采收的现象，严重影响了葡萄的质量。作为生产者，要做好适时采收工作，才能获得高品质的果实。

（1）采收时期　葡萄采收时期应根据果实成熟度、品种、气候条件、负载量等来确定。鲜食品种应该在达到该品种固有的典型色泽、典型香气和口感后进行（图 6-100），一般在葡萄开始着色后 30~40 d 采收。采收过早，影响葡萄的产量（早采 1 天产量至少降低 1%）和贮藏性。

图 6-100　成熟的辽峰葡萄

修德仁指出，日本将巨峰葡萄的成熟度用色卡形式表示，从开始上色起，分为黄绿—浅红—红—紫红—红紫—紫—黑紫—紫黑—黑—蓝黑 10 个色级，达不到第 10 级色泽标准，绝不允许采收，而我国目前巨峰葡萄往往色度在 3~9 级时即进行采收，导致果实品质较差，影响农民的收益。此外，负载量较小，果穗较小时，葡萄成熟期相对提前，可适当早采；负载量过大、果穗较大时，可适当晚采，否则糖度不足，影响果实品质。

葡萄采收时，尽量在温度较低的早晨或傍晚进行，此时浆果不易受热伤。如果在中午高温时采收，会导致果实温度过高，采收后预冷时间较长，容易干梗、脱粒。

（2）采收方法 采收时，果粉较少的品种用手轻轻托住葡萄，果粉较重的品种用手捏住穗梗，然后用采果剪将果穗剪下，保留 3~4 cm 的穗柄。用疏果剪去掉病、虫、小、青、烂、残、畸形果等。由于葡萄同一品种、同一地块、同一树上的果实，成熟度很不一致，一般应分期分批采收。采收后要轻拿轻放，既不要擦掉果粉，也要防止果粒破碎。采下的葡萄放在阴凉通风处，切忌在日光下暴晒（图 6-101、图 6-102）。

二维码
葡萄的采收与包装

图 6-101　采收绿色品种（左：正在采收　右：去烂粒）

图 6-102　采收黑色品种（左：不套袋葡萄的采收　右：套袋葡萄的采收）

知识窗　浆果成熟的特点知多少

葡萄浆果成熟分为始熟期、成熟期和过熟期 3 个阶段。各阶段的具体特点见表 6-5。

表 6-5　浆果成熟的阶段及特点

阶段	特点
始熟期	果实开始有弹性，果皮开始着色。白色品种果皮由绿色转变为绿黄色，并逐渐呈透明状；红色品种由绿色转变成淡红色；黑色品种由绿色转变为红或紫红色。果实中糖分增加，酸度不再增加
成熟期	果实的弹性明显，果粉突出显现，果皮颜色进一步加浓。白色品种变黄色，红色品种变深红色，黑色品种变紫色或黑色甚至是蓝黑色。此期含糖量最高，含酸量降到最小，果实有香气。此期为最佳食用期，也是鲜食葡萄的最适采收期
过熟期	果实果皮发皱，果梗逐渐干枯，易感染病害，出现脱粒、腐烂、裂果、干腐等现象。果实中水分开始丧失，果汁越加浓缩，甜度骤增

知识窗　葡萄果实的成熟度知多少

果实成熟度可以根据果皮的颜色、果肉硬度、果实糖酸含量、肉质风味、穗梗变化等来判断。鲜食葡萄浆果的成熟度分为以下 3 种类型：

可采成熟度　果实八成熟，肉质较硬，糖度较低，酸度较高，综合品质低劣，不耐贮藏，货架期较短。此期不适合鲜食葡萄采收。

食用成熟度　果实已经成熟，达到该品种固有的色、香、味。此期适合鲜食葡萄采收。

生理成熟度　果实已经充分成熟，浆果肉质开始软化，糖酸比达到最高，种子变褐色，色、香、味更佳。浆果不耐贮运，货架期短，此期不适合大面积葡萄采收，但适合观光葡萄采收。

8. 分级、包装与销售

1）葡萄分级

（1）分级的主要项目 葡萄分级是葡萄商品化生产中的一个重要环节。分级时一般考虑的主要项目有果穗大小、形状、整齐度，果粒大小、色泽、可溶性固形物含量、总酸含量、机械伤、药害、病害、裂果情况等。

（2）分级标准 国外葡萄生产先进的国家均制定了相应的葡萄分级标准，但是不同国家、不同品种分级的标准略有不同，侧重的项目也不同，如美国加利福尼亚州和智利鲜食葡萄的收购等级标准中，强调的是果粒大小（直径与长度）和可溶性固形物含量，具体见表 6-6。我国几个地区、不同品种分级标准参见表 6-7 至表 6-9。

表 6-6 美国加利福尼亚州和智利鲜食葡萄分级标准

品种	等级						可溶性固形物含量／%
	一等品		二等品		三等品		
	直径／mm	长度／mm	直径／mm	长度／mm	直径／mm	长度／mm	
红地球	>28.0		25.0~27.9		23.0~24.9		16.5
无核白	>19.0	>29.0	17.5~18.9	27.0~28.9	16.9~17.4	25.0~26.9	16.5
意大利	>25.0		23.0~24.9		21.0~22.9		16.0
神奇无核	>19.0	>30.0	17.5~18.9	28.9~29.9	16.0~27.9	15.5	
皇帝	>22.0		17.0~21.9		17.0~18.9		15.5
皇后	>22.0		19.0~21.9		19.0~21.9		15.5
圣诞玫瑰	>22.0		19.0~21.9		19.0~21.9		16.5
瑞必尔	>24.0		22.0~23.9		20.0~21.9		16.0
黑大粒	>24.0		22.0~23.9		20.0~21.9		14.5
绯红	>24.0		22.0~23.9		19.0~21.9		14.5
红宝石无核	>19.0	>29.0	17.5~18.9	27.0~28.9	16.0~17.4	25.0~26.9	16.0

（引自刘志民，马焕普．优质葡萄无公害生产关键技术问答 [M]. 北京：中国林业出版社，2008.）

表 6-7　新疆鲜食葡萄果品质量分级要求

项目			等级		
类型	指标	品种	特级	一级	二级
感官指标	基本要求	所有品种	果穗完整，果梗、穗梗完整新鲜；果粒适度成熟，具有品种特征性状、风味和香气，无异味，洁净、无腐烂，无非正常的外来水分；无水罐，无裂果，无小青粒，无僵果，无干缩果		
	特征色泽着色率／%	无核白	达到固有色泽	达到固有色泽	达到固有色泽
		木纳格	达到固有色泽	达到固有色泽	达到固有色泽
		新郁	≥ 96%（颜色鲜艳明亮）	≥ 94%	≥ 90%
		夏黑	≥ 96%	≥ 94%	≥ 90%
		无核白鸡心	达到固有色泽	达到固有色泽	达到固有色泽
		火焰无核	≥ 96%（颜色鲜艳明亮）	≥ 94%	≥ 90%
		无核紫	≥ 96%	≥ 94%	≥ 90%
	果穗整齐度	所有品种	整齐	较整齐	较整齐
	果穗紧密度	所有品种	中等紧密	中等紧密	过度紧密或松散果穗不超过 5%
	果粒均匀性	所有品种	果粒均匀	果粒均匀	果粒较均匀
	果粒	所有品种	完整	较完整	较完整
理化指标	穗重／g	无核白	500~800	≥ 400	≥ 300
		木纳格	650~850	550~1 000	450~1 100
		新郁	650~850	550~1 000	500~1 100
		夏黑	500~750	≥ 400	≥ 350
		无核白鸡心	600~800	450~900	350~1 000
		火焰无核	≥ 500	≥ 400	≥ 350
		无核紫	≥ 500	≥ 350	≥ 300

续表 6-7

项目			等级		
类型	指标	品种	特级	一级	二级
理化指标	可溶性固形物／%	无核白	≥ 18	≥ 17	≥ 16
		木纳格	≥ 19	≥ 17.5	≥ 16
		新郁	≥ 18	≥ 17	≥ 16
		夏黑	≥ 19	≥ 18	≥ 17
		无核白鸡心	≥ 19	≥ 18	≥ 17
		火焰无核	≥ 19	≥ 18	≥ 17
		无核紫	≥ 19	≥ 18	≥ 17
	可滴定酸／%	无核白	≤ 0.6	≤ 0.6	≤ 0.7
		木纳格	≤ 0.4	≤ 0.45	≤ 0.5
		新郁	≤ 0.45	≤ 0.5	≤ 0.6
		夏黑	≤ 0.5	≤ 0.6	≤ 0.8
		无核白鸡心	≤ 0.5	≤ 0.55	≤ 0.6
		火焰无核	≤ 0.5	≤ 0.55	≤ 0.6
		无核紫	≤ 0.5	≤ 0.55	≤ 0.6
	肉质	无核白	脆	脆	脆
		木纳格	脆	脆	脆
		新郁	脆	脆	脆
		夏黑	脆	脆	脆
		无核白鸡心	脆	脆	脆
		火焰无核	脆	脆	脆
		无核紫	脆	脆	脆
果面缺陷		所有品种	无	允许轻微日灼，风疤	允许轻微缺陷果实所占比例不超过 5%

（引自 DB65/T 4298—2020 新疆鲜食葡萄果品质量分级标准）

表 6-8　辽宁省北镇巨峰葡萄等级规格指标

项目名称	优级	一级	二级
基本要求	各级果穗、果实完整良好，充分发育、新鲜洁净、采摘细心，具有适应市场和贮藏要求的成熟度		
果形	具有本品种应有的穗形、果形，无畸形果		
色泽	紫黑着色 95% 以上	紫红着色 85%	紫红着色 75%
穗梗	完整无损伤	允许损伤 1 处	允许损伤 1 处
果粒未满足最小直径要求的果穗 / %	≤ 8	≤ 10	≤ 10
果穗重 / g	400~500	350~400	250~350
碰压伤	无	无	轻微
刺伤	无	无	轻微
磨伤 / 穗	无	允许 1 处	允许 3 处
虫伤	无	无	无
裂果	无	无	无
药害	无	无	无
病害	无	无	无
水珠	无	无	无
单粒重	12 g 以上	10 g 以上	10 g 以上

表 6-9　河北省红地球葡萄果实质量等级标准

项目名称	特等果	一等果	二等果
外观要求	果穗完整、洁净、不落粒、无日灼、无干缩果，无腐烂、霉病、白粉病等病害，无虫害或鸟、鼠类等引起的损伤，无机械伤害，穗梗、分枝梗、果梗、果蒂发育良好并健壮、新鲜		
成熟度	完全成熟，着色均匀		
果穗要求	果穗美观，果穗疏散，大小适中	果穗美观，果穗中等紧密	果穗较松散或较紧

续表 6-9

项目名称	特等果	一等果	二等果
果穗重／g	650~800	550~800	≥ 400
果粒要求	无异味，果粒与果梗连接牢固，果肉乳白色或淡绿色，坚实、有弹性，果粒上不能有水珠、灰尘、药斑		
果皮色泽	鲜红	鲜红或深红	淡红或暗红
果粉	完整	完整	基本完整
果面缺陷	无	缺陷果粒≤ 2%	缺陷果粒≤ 5%
果粒横径／mm	≥ 27	≥ 26	≥ 23
果粒重／g	≥ 13.0	≥ 12.0	≥ 10.0
可溶性固形物／%	≥ 17.0	≥ 16.0	≥ 15.0
酸度／%	≤ 0.6	≤ 0.6	≤ 0.7

（3）分级方法 目前我国葡萄的分级方法仍以手工分级为主，即先挑选出在果形、新鲜度、果穗整齐度、色泽、品质、病虫害和机械伤等方面符合要求的葡萄，再按照果穗和果粒大小分级（包括重量分级和大小分级）。

2）包装

（1）包装的作用 包装是葡萄商品生产的最后环节。良好的包装可以减少机械损伤，防止产品受到尘土和微生物的污染，减少病虫害的蔓延和浆果水分的消耗，提高葡萄的商品率和卫生质量，同时还便于贮藏运输和管理。

（2）包装材料 目前生产中常见的包装材料有泡沫苯板箱、木条箱、硬塑箱和纸板箱等（图 6-103 至图 6-106）。各种包装材料的特性见表 6-10。

图 6-103 泡沫苯板箱

图 6-104 木条箱

图 6-105 硬塑箱

图 6-106 纸板箱

表 6-10 葡萄常用的包装种类及特性

种类	优点	缺点	适用对象	容量 / kg	注意事项	成本价 / (元/个)
泡沫箱	保温性好、缓冲性好	葡萄预冷不彻底，贮藏过程中易出现箱中果温高的现象，且易对环境造成污染	用于运输保鲜	5	贮藏时不宜使用泡沫箱	2.5~3
木条箱 硬塑箱	耐压力强、透气性好	箱体无缓冲性能，在运输或搬运过程中易导致葡萄受损伤，且木箱不美观	用于贮藏运输。适合低档果包装	5~10	箱体上易携带危险虫害和病原菌，不宜用作水果出口包装	2.1
纸板箱	易折叠，便于管理和运输，重量轻、可印刷	抗压力不如木条箱和硬塑箱	用于进市场	1~5	纸板箱包装用于贮藏时，贮藏冷库应设1~2层支架，运输中也要注意不要塌垛	2.5~3

（3）包装要求 无论采用哪种包装容器，均应清洁、无污染、无异味、无有害化学物质；内壁光滑、卫生、美观、重量轻、易于回收及处理；包装容器外面应注明商标、品名、等级、重量、产地、特定标志及包装日期等。

（4）包装方法 为避免风吹、日晒、雨淋引起葡萄失水、损伤、污染等，影响葡萄果实品质，故采收后要立即在冷凉的环境下进行装箱。包装分两种情况：一是在田间直接装箱（图 6-107），即先在箱内衬好保鲜袋，然后进行装箱（图

图 6-107　葡萄架下装箱

图 6-108　葡萄装箱（左：箱内衬保鲜袋　右：装箱后的葡萄）

图 6-109　包装车间进行葡萄包装

6-108）。二是把采下的葡萄放入预装箱内，送到选果包装车间进行包装（图 6-109）。

目前的装箱方法有 3 种：一种是穗轴朝上，每穗葡萄按顺序轻轻地摆放在箱内；一种是整穗葡萄平放在箱内；还有一种是穗轴朝下，此种装箱方法外观形象好，但从箱中取葡萄时，易造成脱粒现象。

装箱时，注意同一批货物的所有包装件中应装入品种、等级和成熟度一致的葡萄产品，而且葡萄不能放置过多、过厚，一般以 1~2 层为宜。装单层箱时，葡萄穗轴朝上或朝下均可；装双层箱时，一般果穗平放箱内，先摆底层，每穗按穗形大小头颠倒放置，挨紧不留空隙，然后再摆上层。装箱后，敞开保鲜膜袋口，送到冷库预冷。

对于辽峰、阳光玫瑰等无核化处理后的葡萄，由于果梗粗硬，果穗采收上市后易落果，因此销售时提倡单穗网套包装，再用纸箱装，可以避免运输和销售过程的落粒。

无论采取哪种材料包装，均要注意在包装前剔除腐烂及受伤的葡萄，并且按照《食品安全国家标准预包装食品标签通则》（GB7718—2011）的规定，在包装箱上标明产品名称、重量、等级、产地、包装日期、生产单位、产品标准编号、无公害或绿色食品标志、贮运注意事项等内容。此外还应有品牌、商标图案等。

（5）注意事项　在田间采收、贮藏和运输过程中严禁多次倒箱、多次包装，

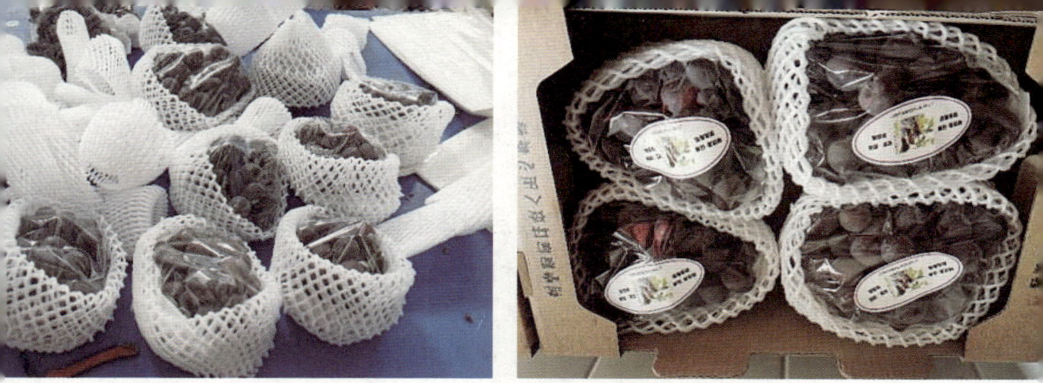

图 6-110　辽峰葡萄包装（左：单穗网套包装　右：装入纸箱）

图 6-111　气泡柱单穗包装

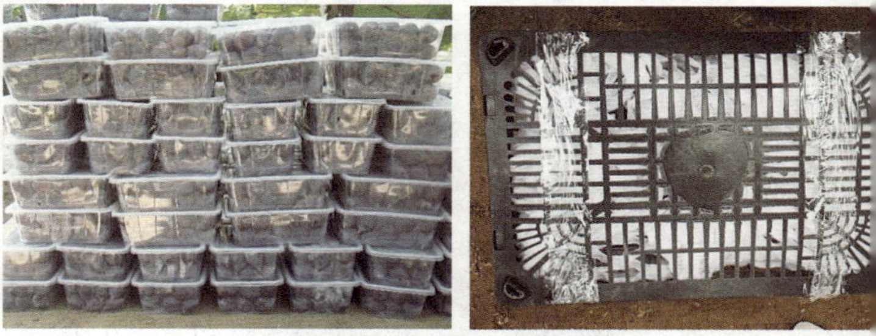

图 6-112　葡萄邮寄包装（左：剪粒装盒　右：塑料箱包装）

否则会引起葡萄的损伤，造成病菌侵入而霉烂。无论采用哪种包装方法，要注意装箱量要适度，装箱高度不能高出箱沿，当箱盖盖严时，葡萄果穗松紧适中，箱盖保持平齐而不凸凹，即为合适。

3）销售

（1）销售方式　葡萄的销售分为线上销售和线下销售两种方式。

（2）销售建议　由于葡萄果粒较软，运输过程中损耗较大，因此在网络销售时，建议用气泡柱进行单穗包装（图 6-111），然后再装入塑料箱内，包装好后再进行邮寄。对于松散的果穗，可以把果粒带果梗剪下，放在塑料盒里，每盒装两层，然后放在塑料箱或泡沫箱里进行邮寄（图 6-112）。

六、葡萄采收后至落叶前管理的关键任务有哪些？

1. 疏枝

（1）目的　改善通风透光条件，调节树体养分流向，促进芽眼饱满老熟，防止叶片过早脱落和枝蔓徒长。

（2）方法　疏除过密枝、细弱枝、病虫枝，摘除病害严重的叶片等。

知识窗　果实采收后树体生长特点知多少

果实采收以后，叶片的光合作用仍在继续，新梢自下而上不断充实并木质化（图 6-113），根系进入第二次生长高峰。随着气温的下降，叶片的光合作用逐渐转弱直到停止；叶色由绿转黄，叶柄产生离层，叶片相继脱落。

图 6-113　葡萄成熟的新梢

2. 肥水管理

1）喷施叶面肥

（1）目的　尽快恢复树势，增强叶片的光合能力。

（2）时间及方法　果实采收后，可以每 10 天左右喷施 1 次 0.2% 的尿素 +0.2% 的磷酸二氢钾等叶面肥，连喷 2~3 次。

2）秋施基肥

（1）时间　葡萄采收后及早施入。

（2）种类及用量　通常用腐熟的有机肥，如厩肥、堆肥（图 6-114）等，每亩施有机肥 3 000 kg 以上，混入尿素 15 kg，过磷酸钙 20 kg，硫酸钾 20 kg 等。基肥施用量占全年施肥总量的 50%~60%。

二维码
葡萄秋施基肥

（3）施肥方法　采用沟施或穴施均可（图 6-115）。方法是：在葡萄植株两侧 50 cm 处，隔年轮换挖沟或挖穴，深度为 50 cm 左右，施肥后及时填埋。

图 6-114　堆肥

（4）注意事项　一是挖施肥沟或施肥穴时，尽量避免伤害较粗的根系。二是选用的基肥一定要充分腐熟，并且与土壤充分拌匀，避免两次基肥施在同一处。三是为防止发生缺素症，施基肥时，结合土壤中各种营养元素含量的测定，适量增施土壤中含量较

图 6-115　施有机肥（左：沟施　右：穴施）

少的营养元素。

知识窗　葡萄根系及其生长特点知多少

葡萄的根系为肉质根（图 6-116），髓射线发达，能贮藏大量的有机物质。

葡萄根系在土壤中的分布状况，因气候条件、土壤类型、地下水位、栽培管理方法而异。但多数情况下，根系垂直分布集中在 20~80 cm 深度的土层内，灌溉区浅一些，干旱区深一些。水平分布随架式而不同，篱架根系水平分布多集中在定植沟内，棚架的架下根系多于架外。

葡萄的根系没有休眠期，只要环境条件合适，可以周年生长。一年内有 2~3 次生长高峰，分别为新梢旺长后、浆果着色成熟期及果实采收后。

图 6-116　葡萄的根

3）灌水

结合秋施基肥，灌水 1 次，以促进根系发育，充分吸收营养，恢复树势。雨水多时要及时排水。

3. 病虫害防治

（1）目的　葡萄采收后，要保证大部分叶片健康，让枝条充分老熟、冬芽饱满、根系健壮。

（2）病虫害种类　葡萄采收后容易出现霜霉病、白粉病、白腐病、褐斑病、蛀食枝蔓的害虫及叶蝉等严重为害，如防治不力，会造成叶片早期脱落，既影响当年葡萄的生长和越冬，又会严重影响第二年葡萄的生长。

（3）药剂选择 选择具有杀灭效果的杀菌剂，如铜制剂、硫制剂等，选用内吸、高效、低残留的杀虫剂防治虫害。

七、葡萄休眠期管理的关键任务有哪些？

葡萄落叶后即开始进入休眠期，此期的管理内容有休眠期修剪、下架、灌封冻水和埋土防寒。

1. 休眠期修剪

（1）修剪目的 幼树休眠期修剪目的是按照树形要求选留培养主蔓和结果枝组，在不影响树冠扩大成形的前提下提早结果，提早丰产。成龄树休眠期修剪目的是维持株形，平衡树势，保证树体丰产、稳产。

（2）修剪时间 从葡萄落叶后到第二年春季伤流期之前的整个休眠期均可以进行，但最适宜时间是在葡萄正常落叶后2~3周内。此时一年生枝条中的养分已向植株多年生枝蔓和根系运转，不会造成养分的流失。北方葡萄需要埋土防寒地区，可以在落叶后到土壤封冻之前修剪，一般在11月上旬以前完成。冬季不下架防寒地区，在早春葡萄萌芽前一个月左右完成为好。

（3）修剪基本方法 葡萄休眠期修剪常用的基本方法主要有短截、疏枝和回缩，各种修剪方法的定义及具体要求见表6-11。

表6-11　葡萄休眠期修剪基本方法一览表

修剪基本方法	定义	修剪要求
短截	剪去一年生枝的一部分。分为极短梢修剪（留1~2芽）、短梢修剪（留3~4芽）、中梢修剪（留5~7芽）、长梢修剪（留8~12芽）和超长梢修剪（留13个芽以上）	选留健壮、成熟度较好的一年生枝作结果母枝。剪口下枝条的粗度一般大于0.6 cm，细的短留，粗的长留，且剪口要平滑，剪口距离剪口下芽眼3~4 cm，以防剪口风干影响芽眼萌发

续表 6-11

修剪基本方法	定义	修剪要求
疏剪	从基部将一年生枝或多年生枝剪除	疏除过密枝、病虫枝、生长方向不当的枝等。疏枝时要从枝条基部彻底疏掉，伤口不要过大，不留桩。不同年份的修剪口伤，尽量留在主蔓的同一侧，避免造成对口伤，影响树体内养分和水分的运输
回缩	剪去二年生以上枝条的一部分	多年生弱枝回缩修剪时，应在剪口下留强枝；多年生强枝回缩修剪时，可以在剪口下留中庸枝，并适当疏去留下部分的超强分枝，以均衡枝势，削弱营养生长，促进成花结果

（4）主、侧蔓的修剪 未完成整形任务的幼树，休眠期修剪时要继续选好主、侧蔓，并在其延长蔓粗度 0.8 cm 以上的成熟节位饱满芽处剪截；已完成整形任务的盛果期植株，要对主、侧蔓进行换头修剪和选留预备蔓；树势逐渐衰老的植株，对主、侧蔓进行更新修剪，具体情况见表 6-12。

表 6-12 主、侧蔓更新修剪方法一览表

具体情况	修剪措施
主、侧蔓上结果部位外移	当主、侧蔓上结果部位外移，但中下部仍有结果枝组时，可以把主、侧蔓先端压缩下来，并更新中下部枝组，以改善光照，促进中下部发出健壮结果母枝
主蔓衰弱	可以从主蔓基部发出的新枝或从地表发出的萌蘖枝中选择合适的枝条预先培养，使其成为新蔓；当新蔓开始结果后，再将老蔓剪除
主蔓上出现光秃带	一是在光秃带临近的枝组上多留长梢，人为引缚到光秃的空间进行固定，以弥补主蔓缺枝；二是在光秃带后部培养新蔓，当新蔓正常结果，能取代老蔓时，即可以回缩到新蔓处；三是在早春将光秃部位绑成弓形，使光秃部位高于枝蔓，利用葡萄的生长极性，诱导弓起部位的潜伏芽萌发，当潜伏芽抽生的新梢长到 10 cm 以上时，把弓起部位放平绑好，即可以培养成新的结果枝组

（5）结果枝组的更新修剪 结果枝组是具有 2 个及 2 个以上结果母枝的结果单位，其上着生结果母枝和新梢（图 6-117）。结果枝组在同一骨干蔓上的距离，

图 6-117　葡萄的结果枝组

图 6-118　结果部位外移

在短梢修剪情况下应保持 20~30 cm，在中、长梢修剪情况下应扩大到 30~40 cm。小枝组可以近些，大枝组可以远些，从而使枝组间和枝组内都能保证通风透光。

随着结果枝组年龄的增长和每年的修剪，结果部位逐渐外移，剪口增多，枯桩不断出现，枝组营养输送能力削弱，枝组逐渐老化，结实力下降，甚至失去结果能力（图 6-118）。这时需要从主蔓上潜伏芽萌发的新梢，选留位置合适的进行培养，以替代老枝组。具体做法是：逐渐有计划地回缩老结果枝组上的结果母枝，或者将老枝组从基部疏除，刺激主、侧蔓上或枝组基部潜伏芽萌发，对潜伏芽发出的新梢去除花序，促进生长。如果新梢较强壮，于 5~6 片叶时摘心，促进副梢萌发。冬剪时对副梢进行短截即成为新的枝组，将周围老枝组疏除，逐年更新复壮全部枝组。每年如此，每个枝组 3~5 年即可以得到更新，保证枝组年轻健壮，植株就能连年丰产。

（6）结果母枝的更新修剪　结果母枝是指当年新梢落叶后的一年生枝。结果母枝更新的目的在于避免结果部位逐年上移和造成下部光秃。分为单枝更新和双枝更新。具体更新方法见表 6-13。

表 6-13　结果母枝更新方法一览表

名称	方法
单枝更新	休眠期修剪时不留预备枝，只留结果母枝（图 6-119）。在结果母枝上同时考虑结果和更新。第二年休眠期修剪时再从基部选择发育好的当年生枝短截作为下一年的结果母枝，其余的枝全部去掉
双枝更新	一组 2 个枝，先端的枝作结果母枝，适当长留，采用中、长梢修剪，留 4~8 个芽；母枝基部选一发育良好的枝作预备枝，适当短留，采用短梢修剪，留 2~3 个芽（图 6-120）。第二年冬剪时，去掉原来的结果母枝，预备枝留 2 条枝蔓，继续进行一长一短修剪，循环往复

图 6-119 单枝更新

图 6-120 双枝更新

结果母枝的修剪程度应根据品种特性、架式、整枝方式、环境条件、栽培技术、树势、枝条质量等因素来决定。棚架龙干形整枝以短梢修剪为主(图 6-121)；篱架以长、中、短梢混合修剪为主（图 6-122）。容易成花、成花节位低的品种，如巨峰系品种，以短梢修剪为主；不容易成花、成花节位高的品种，以中、长梢修剪为主。干旱和土壤贫瘠的地方，以短梢修剪为主；土肥水条件较好的地区，宜采用短梢为主的混合修剪。枝条粗、生长势强、成熟度好的适当长剪；枝条细、成熟度不好、生长势弱的可以适当短留。用作扩大树冠的延长枝可以采用中、长梢修剪，预备枝宜采用短梢修剪。枝蔓稀疏、架面有空间的地方可以适当长留。

图 6-121 棚架葡萄短梢修剪

（7）延长梢的修剪 北方地区采用龙干形整枝的盛果期树，延长梢的修剪分两种情况：一是如果秋季延长梢生长正常，则保留 1 m 左右的长度进行剪截（图 6-123）；二是当主蔓延长梢生长势较弱，或其

图 6-122　篱架葡萄中长梢修剪

图 6-123　生长正常的延长梢修剪

长度已达到最后一道铁线，再无生长空间，冬剪时需要对延长梢进行换头更新，即将先端的延长梢剪除，在后部相邻位置选择生长势较好的枝条适当长留，以代替延长梢。

（8）休眠期修剪注意事项　一是修剪时要注意鉴别结果母枝的枝质和芽眼的优劣，凡是枝条粗而圆，髓部较小，节间较短，节位突起，枝条颜色呈现该品种固有的颜色，其上芽眼饱满，无病虫害的枝为优质枝。芽眼圆而饱满、鳞片包紧为优质芽。二是葡萄的枝蔓组织疏松易失水，修剪时剪口应在芽上 3~5 cm 处，留出风干区，切勿贴芽剪，以防止抽干。在春季风多的地区，剪口可以涂铅油封闭。在节间短的品种上，可以实行破节剪。剪口要尽量平滑，否则不易愈合。三是疏枝或回缩时，尽量避免造成过多的伤口，尤其不要在枝干的同侧造成连续的多个伤口，还要避免造成对口伤；剪锯口不要距离基部太近，以免伤口向里干枯而影响母枝养分的疏导；残桩不要留得太长，待残桩干枯后，再从基部将其剪去。四是修剪时注意对机械损伤及衰老的枝蔓，留出预备枝条进行更新。

二维码
葡萄休眠期修剪

知识窗　葡萄休眠期特点知多少

葡萄枝条一般从 9 月开始成熟时逐渐进入休眠，10—11 月休眠最深，一直持续到翌年的 1 月下旬。随着气温下降，叶片变成橙黄色，叶片脱落，此时达到正常生理休眠期（图 6-124），但其生命活动还在微弱地进行着。一般是在气温 0~5 ℃时，经 30~45 d 就可以满足生理休眠要求。以后如气温上升达 10 ℃以上就随时可以萌发生长。但在北方地区因外界条件不适宜生长，还需要继续休眠，因此，把前期休眠称为生理休眠，后期休眠称为被迫休眠。葡萄在热带或秋冬气温较高的地区没有明显的休眠期，植株在经历一个短暂的营养生长调节期后休息 15~25 d，即可以再次萌发，并可以一年多收。

2. 清园

修剪后，清除园内的枯枝、落叶、僵果、病虫枝、穗梗、卷须、无用的二次枝及徒长枝，以及当年绑扎新梢留在铁丝上的布条、绳子等，并将其带出葡萄园地，集中烧毁或深埋（图 6-125）。

图 6-124 进入休眠期的葡萄植株

3. 下架

清园后将葡萄枝蔓顺着行向朝一个方向下架，边际几株向相反方向倾倒。下架时葡萄枝蔓尽量拉直，不得有散乱的枝条，一株压一株，把枝蔓平放于地面、顺直、捆扎（图 6-126）。对于弯曲大的或跷高的，应因势利导，尽可能使其压平固定。对于幼树，为防止压断，应在植株基部垫枕土（图 6-127）。下架时要求高度适中。

图 6-125 清除枯枝落叶

4. 喷施药剂

（1）时间和药剂 为减少病菌和害虫的数量，在葡萄落叶前后可以喷施杀菌剂（如硫制剂或铜制剂或福美类药剂）和内吸性或渗透性强的杀虫剂。

（2）注意事项 注意硫制剂的使

图 6-126　下架

图 6-127　垫枕土

图 6-128　灌封冻水

用时间，不可以在葡萄埋土防寒前喷施石硫合剂，然后马上埋土。因为石硫合剂在潮湿的环境下效果较差。如需使用，可提前至落叶期。埋土防寒前可使用铜制剂。

5. 灌封冻水

我国北方地区，为增加土壤水分，减少表土层的温度变幅，提高根系的抗寒性，在土壤封冻前要灌一次封冻水（图 6-128）。封冻水浇后要晾几天，待表面土壤干后再埋土防寒，防止土壤湿度过大，芽眼腐烂。如果秋季降雨充足，土壤墒情好也可以不浇水。

二维码
葡萄埋土防寒

6. 埋土防寒

（1）防寒目的　一是防止枝条整个冬季裸露抽条；二是防止葡萄根系受冻。

（2）防寒区域　葡萄耐寒性较差，一般认为冬季 –17 ℃的绝对最低温等温线是我国葡萄冬季埋土防寒与不埋土防寒露地越冬的分界线。

（3）防寒时间　在当地土壤封冻前 15 d 开始埋土，华北地区 11 月上中旬土壤稍冻结时为适宜的埋土时期。

【埋土过早或过晚弊端】

埋土过早，植株得不到充分的抗寒锻炼，容易遭受冻害；同时地温高，湿度大，微生物活跃，芽眼易腐烂。埋土过晚，土壤上冻后取土困难，也埋不严实，影响防寒效果，且埋土过晚易使植株遭受冻害。

（4）防寒方法 不同气候条件、不同栽培模式采用的防寒方法略有不同。

露地栽培时，冬季不是特别寒冷的地区和土质比较细腻的园地，可以采用直接埋土法。

冬季较寒冷的地区可以采用有机物 + 塑料布（无纺布）埋土法。即葡萄下架后先覆盖有机物（苞米秸、草帘、稻草），使葡萄位于覆盖物中间（图 6-129），再覆盖塑料布或无纺布（图 6-130），最后上方用埋土机械进行覆土（图 6-131）。覆土厚度为当地冬季地温能稳定在 –5 ℃的土层深度，宽度为 1 m 加上 2 倍的覆土厚度。

冷棚葡萄或冬季无严寒的地区，只需要解决好枝蔓抽条问题即可，因此只需将无纺布或塑料布边缘压土（图 6-132），做到不漏风即可。

图 6-129 覆盖草苫后状态

图 6-130 覆盖无纺布

图 6-131 机械埋土

图 6-132 冷棚在无纺布边缘压土

（5）注意事项　一是取土地点要远离根系，一般离植株根颈处 1 m 左右，以防发生侧冻，导致盖了枝蔓冻了根系，得不偿失。二是压倒主蔓时，为防止基部折断，可以在主蔓弯曲处垫枕土。三是地区不同，环境温度不同，品种耐寒程度不同，埋土的厚度也不相同。要根据当地气候条件和种植的品种选择适宜的埋土厚度。

视频教学资源索引

参考文献

［1］杨治元，陈哲，王其松．阳光玫瑰葡萄栽培技术 [M]. 北京：中国农业出版社，2018.

［2］李玲，肖浪涛，谭伟明．现代植物生长调节剂技术手册 [M]. 北京：化学工业出版社，2019.

［3］翟衡．中国果树科学与实践—葡萄 [M]. 陕西：陕西新华出版传媒集团陕西科学技术出版社，2015.

［4］王忠跃．葡萄健康栽培与病虫害防控 [M]. 北京：中国农业科学技术出版社，2017.

［5］王海波，刘凤之．中国设施葡萄栽培理论与实践 [M]. 北京：中国农业出版社，2020.

［6］韩鹏，韩玉波．葡萄健康栽培实用技术 [M]. 北京：中国农业出版社，2019.

［7］赵常青，蔡之博，吕冬梅，等．现代设施葡萄栽培技术 [M]. 北京：中国农业出版社，2019.

［8］魏志峰，刘崇怀．彩图版葡萄整形修剪七日通 [M]. 北京：中国农业出版社，2019.

［9］王江柱，赵胜建，解金斗．葡萄高效栽培与病虫害看图防治，2 版 [M]. 北京：化学工业出版社，2018.

［10］孙海生，张亚冰．图说葡萄高效栽培 [M]. 北京：机械工业出版社，2018.

［11］杨治元，王其松，应霄．彩图版 222 种葡萄病虫害识别与防治 [M]. 北京：中国农业出版社，2016.

［12］刘薇薇，刘永强，孔繁芳，等．葡萄病虫害绿色防控彩色图谱 [M]. 北京：

中国农业出版社，2020.
［13］修德仁 . 鲜食葡萄栽培与保鲜技术大全 [M]. 北京：中国农业出版社，2004.
［14］晁无疾 . 葡萄优新品种及栽培原色图谱 [M]. 北京：中国农业出版社，2003.
［15］杨治元 . 葡萄 100 个品种特性与栽培 [M]. 北京：中国农业出版社，2008.
［16］赵常青，吕义，刘景奇 . 无公害鲜食葡萄规范化栽培 [M]. 北京：中国农业出版社，2007.
［17］刘志民，马焕普 . 优质葡萄无公害生产关键技术问答 [M]. 北京：中国林业出版社，2008.
［18］董清华，朱德兴，张锡金，等 . 葡萄栽培技术问答 [M]. 北京：中国农业大学出版社，2008.
［19］刘捍中，刘凤之 . 葡萄无公害高效栽培 [M]. 北京：金盾出版社，2009.
［20］徐海英，闫爱玲，张国军 . 葡萄标准化栽培 [M]. 北京：中国农业出版社，2007.
［21］王忠跃 . 中国葡萄病虫害与综合防控技术 [M]. 北京：中国农业出版社，2009.
［22］宋文章，马永明 . 葡萄栽培图说 [M]. 上海：上海科学技术出版社，2012.
［23］卜庆雁，周晏起 . 葡萄优质高效生产技术 [M]. 北京：化学工业出版社，2012.
［24］赵胜建 . 葡萄精细管理十二个月 [M]. 北京：中国农业出版社，2009.
［25］刘振岩，李震三 . 山东果树 [M]. 上海：上海科学技术出版社，2012.
［26］卜庆雁，周晏起 . 图说葡萄栽培关键技术 [M]. 北京：化学工业出版社，2014.
［27］蒋锦标，卜庆雁 . 果树生产技术（北方本）[M]. 北京：中国农业大学出版社，2011.
［28］程大伟，陈锦永，顾红，等 . 葡萄省工高效整穗疏果技术 [J]，果农之友，2018（4）：13-14.
［29］申屠留芳，杨刚，孙星钊 . 葡萄园专用开沟施肥机的设计 [J]. 农机化研究，2012，34（11）：87-89.
［30］王忠楠 . 小型葡萄施肥机械的研究 [J]. 科学咨询，2019（45）：13.
［31］马帅，徐丽明，袁全春，等 . 葡萄机械化清土的发展现状与解决对策 [J]. 农机化研究，2020（7）：1-8.